Galileo
DAS BUCH DER EXTREME
DIE WELT ZUM STAUNEN

Galileo DAS BUCH DER EXTREME

DIE WELT ZUM STAUNEN

riva WE LOVE Books by riva

Bibliografische Information der Deutschen Nationalbibliothek:
Die Deutsche Nationalbibliothek verzeichnet diese Publikation in der Deutschen Nationalbibliografie; detaillierte bibliografische Daten sind im Internet über http://d-nb.de abrufbar.

Für Fragen und Anregungen:
galileo@rivaverlag.de

Originalausgabe
1. Auflage 2013
© 2013 by riva Verlag, ein Imprint der Münchner Verlagsgruppe GmbH
Nymphenburger Straße 86
D-80636 München
Tel.: 089 651285-0
Fax: 089 652096

 © 2013 ProSieben www.prosieben.de
Lizenz durch: ProSiebenSat.1 Licensing GmbH
www.prosiebensat1licensing.com

Verlag Konzeption / Realisation:
TELLUS CORPORATE MEDIA GmbH
Hammerbrookstr. 93, 20097 Hamburg
T +49 40 280 868 0
F +49 40 280 868 20
info@tellus-corporate-media.com
www.tellus-corporate-media.com

Geschäftsführung: Jan Gerds, Alexander J. Lohmann
Projektleitung: Kessy Suelzer
Redaktion: Christian Zeiser (Ltg.)
Art-Direktion/Layout: Liliana Trinca
Bildbearbeitung & Litho: Alphabeta GmbH, www. alphabeta.de

Druck: Firmengruppe APPL, aprinta Druck, Wemding
Printed in Germany

ISBN Print 978-3-86883-260-0
ISBN E-Book (PDF) 978-3-86413-458-6
ISBN E-Book (EPUB, Mobi) 978-3-86413-459-3

Weitere Informationen zum Verlag finden Sie unter:
www.rivaverlag.de
Gerne übersenden wir Ihnen unser aktuelles Verlagsprogramm.

VORWORT

Foto: Paul Schirnhofer

AIMAN ABDALLAH

Liebe Leserinnen, liebe Leser!

Herzlich willkommen in der Welt voller Spannung und Abenteuer! In unserem Buch – Galileo das Buch der Extreme – haben wir für Sie Fakten und Kuriositäten zusammengetragen, die spannend, überraschend und spektakulär sind. Ich bin mir sicher, Sie werden EXTREM staunen!

Tauchen Sie ein in die unglaublichen Geschichten und spektakulären Fotos. Es wird riskant, gewagt, gefährlich, mysteriös, luxuriös und skurril.

Das Buch, das Sie jetzt in Ihren Händen halten, zeigt Ihnen, dass wir von Ungewöhnlichem umgeben sind. Und das in einer Vielfalt, die wir uns kaum vorstellen können. Es zeigt außerdem, wie einfallsreich der Mensch ist, wenn es darum geht, Herausforderungen zu meistern.

Suchen Sie sich also einen bequemen Platz und lassen Sie sich faszinieren. Entdecken Sie mit uns die extreme Seite unseres Planeten.

Viel Spaß beim Lesen wünscht Ihnen

Aiman Abdallah

STOP!
PENGUINS ONLY
BEYOND THIS
POINT

INHALT

54 Purer Luxus

Eine Uhr für eine Million Dollar, eine Flasche Champagner für 1,5 Millionen Euro oder gleich eine eigene Insel für 5,2 Millionen – selbst wer Geld im Überfluss hat, findet überall Gelegenheiten, es auszugeben. Mal ist das Geld durchaus sinnvoll angelegt, anderswo einfach nur zum Fenster rausgeworfen. Eine Reise in die Welt des puren Luxus.

44 Die Schwefelträger von Indonesien

Schwefel ist ein begehrter Rohstoff: Zuckerraffinerien benutzen ihn etwa zum Bleichen. Doch sein Abbau gehört zu den gefährlichsten Jobs der Welt.

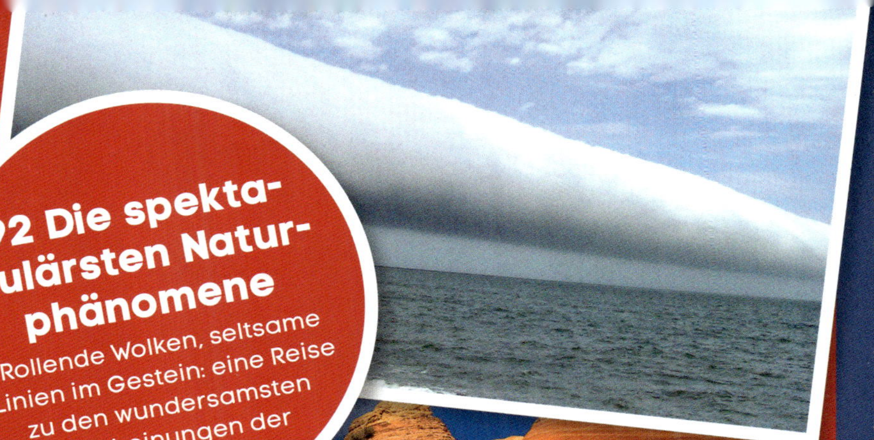

92 Die spektakulärsten Naturphänomene

Rollende Wolken, seltsame Linien im Gestein: eine Reise zu den wundersamsten Erscheinungen der Natur.

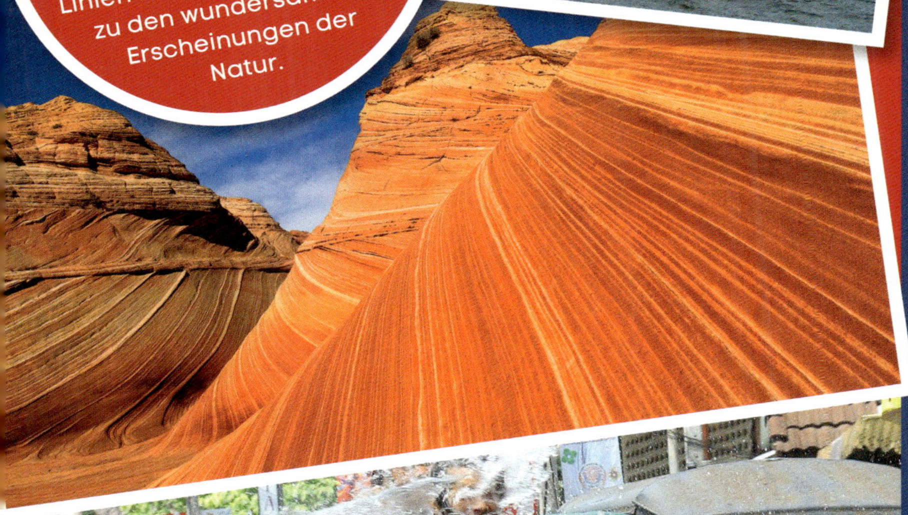

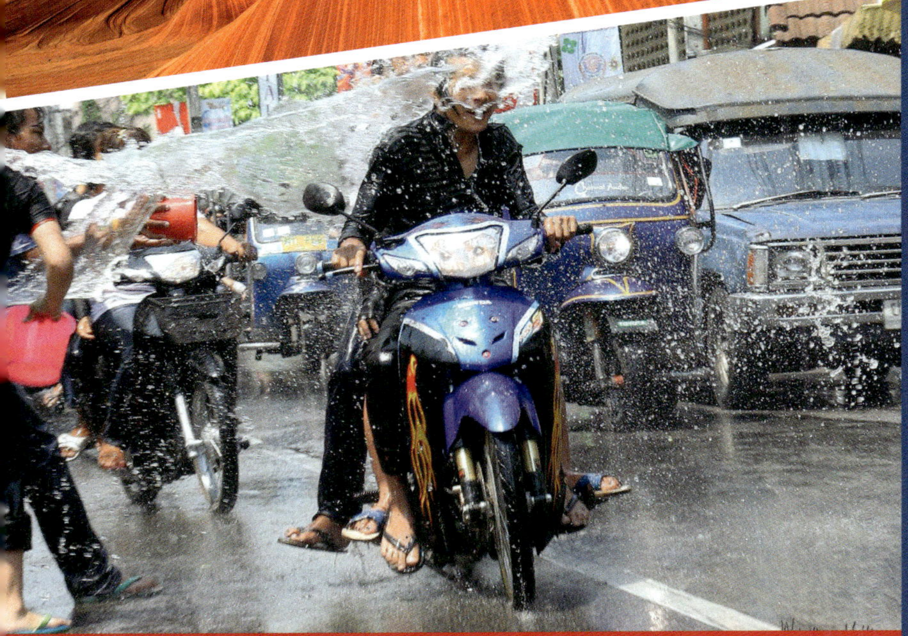

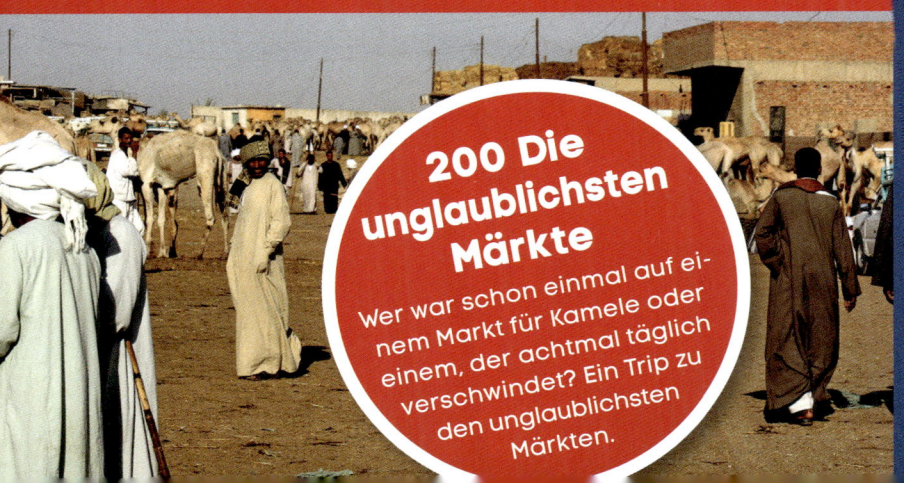

128 Die unglaublichsten Traditionen der Welt

Sie bespritzen sich mit Wasser, rollen Käse einen Hang hinunter oder schmeißen eine Riesenparty für die Affen der Gegend: Menschen denken sich die wildesten Späße aus und wiederholen sie dann Jahr für Jahr. Galileo stellt die verrücktesten vor.

200 Die unglaublichsten Märkte

Wer war schon einmal auf einem Markt für Kamele oder einem, der achtmal täglich verschwindet? Ein Trip zu den unglaublichsten Märkten.

Galileo
EXTREM
GEWAGT

Mit dem Hundeschlitten quer durch Alaska. Mit bloßen Händen die Fassaden der höchsten Gebäude der Welt erklimmen. Oder in einem Achterbahnwagen senkrecht auf die Erde zurasen. Die Welt bietet viele Wagnisse, manche sind reiner Spaß, andere eine Gefahr für das eigene Leben. Galileo zeigt, wo der größte Nervenkitzel auf uns wartet.

Die SPEKTAKULÄRSTEN ACHTERBAHNEN Europas

Höher, schneller, steiler – das ist noch längst nicht alles, was die Achterbahnen Europas zu bieten haben. Sie machen Menschen schwerelos, lassen sie rückwärts durch Loopings fahren oder rasen scheinbar ungebremst in den Boden. Galileo zeigt die Highlights aus den europäischen Freizeitparks.

32 Meter
hoher Looping

BLUE FIRE: DER HÖCHSTE LOOPING EUROPAS

Im Europa-Park Rust kommen alle möglichen Extreme zusammen: Der Blue Fire beschleunigt Passagiere zunächst einmal durch ein Katapult auf amtliche 100 Stundenkilometer, um dann über 40 Meter hohe Hügel zu rasen. Clou der flotten Fahrt ist allerdings der Looping: Die Überkopffahrt findet 32 Meter über dem Boden statt, höher als in allen anderen Achterbahnen Europas. Und als würde das noch nicht reichen, folgt fast direkt im Anschluss eine Inline-Rolle, bei der man kurzzeitig aus dem Sitz gezogen wird. Hohes Tempo, Mega-Looping und eine Fahrfigur nach der anderen: Aufregender als im Blue Fire kann man derzeit nirgendwo in Deutschland Achterbahn fahren.

95 Grad
Abfahrtwinkel

HURACAN:
DIE STEILSTE ACHTERBAHN EUROPAS

»First Drop« nennt sich das Stück zu Beginn jeder Achterbahn, auf dem die Wagen zum ersten Mal von einem Hügel rasen, um auf Touren zu kommen – und dieser First Drop hat es beim Huracan im sächsischen Freizeitpark Belantis in sich. Hier geht es nicht nur steil bergab, sondern sogar senkrecht: 95 Grad beträgt der Abfahrtwinkel, was bedeutet, dass die Passagiere sogar leicht kopfüber gen Boden donnern. Nach dieser ersten Schrecksekunde geht es munter weiter: Die Wagen schießen durch eine eng angelegte Fahrfigur nach der nächsten, das Fünffache des eigenen Gewichts drückt die Mitfahrer in die Sitze. In nur 30 Sekunden Fahrtzeit dreht der Huracan seine Passagiere 30-mal auf den Kopf.

FREISCHÜTZ:
DER DOPPELTE KICK

Erst im August 2011 wurde im Bayern-Park der Freischütz in Betrieb genommen – und gilt jetzt schon als Deutschlands spektakulärste Katapult-Achterbahn. Der Grund: Nach dem Blitzstart geht es mit 80 Sachen durch zwei Loopings und zwei weitere Überschläge. Doch nicht nur dies: Am Ende der knapp 500 Meter langen Strecke wird der Wagen nicht sanft abgebremst, sondern im fliegenden Wechsel für eine zweite Runde aus der Startröhre geschleudert. Eine Weltneuheit, die bei jeder Fahrt zu dutzendfachem überraschten Quieken führt.

80 km/h
2 Loopings

FURIUS BACO:
DIE SCHNELLSTE ACHTERBAHN EUROPAS

Keine Loopings und keine hohen Hügel, von denen die Wagen herabdonnern – und dennoch ist Furius Baco im spanischen Freizeitpark PortAventura eine der aufregendsten Achterbahnen der Welt. Schneller geht es in Europa nirgendwo: In nur 3,5 Sekunden werden die Passagiere auf eine Spitzengeschwindigkeit von 135 Kilometern pro Stunde katapultiert, die Fahrt führt dabei immer nah am Boden über Wiesen und Wasser und ist nach 30 Sekunden schon wieder vorbei. Das irre Tempo und die Inline-Rolle, die die Passagiere bei voller Fahrt einmal um die eigene Achse dreht, stellen allerdings sicher: Nach der kurzen Reise sind viele entrückt grinsende Gesichter zu sehen.

auf 135 km/h
in 3,5 Sekunden

EXTREM GEWAGT

DIVERTICAL:
ACHTERBAHN FÜR WASSERRATTEN

Eine Achterbahn mit eigenem Aufzug sieht man nicht alle Tage. Die Divertical im norditalienischen Park Mirabilandia zieht den Wagen nicht mit einer Kette zum First Drop, sondern fährt ihn per Lift senkrecht auf 60 Meter Höhe. Spätestens der Blick nach unten verrät dann, warum die meisten der Fahrgäste Badekleidung tragen: Ziel der ersten Abfahrt ist ein Wasserbecken, durch das der Wagen in voller Fahrt rauscht. Richtig nass wird es dann aber am Schluss der Fahrt. Der Wagen der Divertical wird nämlich nicht durch eine Bremse zum Stehen gebracht. Stattdessen enden die Schienen plötzlich in einem Wasserbecken, der Widerstand des kühlen Nasses bringt den Wagen schnell zum Stehen. Und sorgt natürlich dafür, dass hier keine Jeans und kein Hemd trocken bleiben.

OZIRIS:
ACHTERBAHN MIT BODENFREIHEIT

In einem Inverted Coaster sitzen die Passagiere in Gondeln, die an einer Schiene hängen – die Füße der Fahrgäste baumeln also in der Luft. An sich bietet dieses Konzept schon Nervenkitzel genug, doch der 2012 eröffnete Inverted Coaster OzIris im Parc Astérix nördlich von Paris belässt es nicht dabei: Nach dem Looping zu Beginn der Reise folgt eine kurze Fahrt durch einen Tunnel und gleich darauf eine Schraube, die die Beine der Passagiere gen Himmel fliegen lässt. Kaum ist dies überstanden, rast OzIris ungebremst in den Boden – natürlich nicht wirklich, doch das Nebelbecken, in das der Wagen kurz eintaucht, lässt die Schienen vor den Augen der Fahrgäste tatsächlich im Nichts verschwinden. Das gab es zuvor noch nie.

52 Meter hoch

UKKO:
ACHTERBAHN UND SCHIFFSSCHAUKEL

Das gab es noch nie: Im finnischen Freizeitpark Linnanmäki wurde im Jahr 2011 eine Achterbahn eröffnet, die fast nur aus einem Looping besteht. Dieser allerdings bietet in schwindelerregender Höhe auch noch zwei Inline-Rollen. Damit nicht genug: Die Achterbahn ist wie eine Schiffsschaukel konzipiert. Zu Beginn der Fahrt wird sie durch einen Kettenzug senkrecht auf 52 Meter Höhe gezogen und anschließend direkt in den sogenannten Korkenzieher entlassen. Nachdem der Wagen den Looping einmal durchfahren hat, bleibt er in großer Höhe ohne Schwung stehen – und donnert rückwärts wieder herunter. Vor, zurück, noch einmal vor: Die Fahrt in dieser nur 150 Meter langen Bahn dauert fast eine Minute und bietet mehr Nervenkitzel als die meisten viel längeren Bahnen.

76 Meter hoch

SHAMBHALA:
DIE HÖCHSTE ACHTERBAHN EUROPAS

Die neueste Attraktion des spanischen Freizeitparks PortAventura ist der Mega-Coaster Shambhala. Auf nicht weniger als 76 Meter Höhe führt die Fahrt – damit ist Shambhala die höchste Achterbahn Europas. Der Höhepunkt wird gleich zu Beginn erklommen, wenn der Wagen von einem Kettenzug zum First Drop gezogen wird. Dann beginnt die Schussfahrt mit einer Neigung von extrem steilen 77 Grad. Hierbei kommt der Wagen auf eine Höchstgeschwindigkeit von beachtlichen 134 Sachen und sammelt genügend Schwung, um gleich die nächste steile Spitze zu erklimmen. Die Fahrt durch die »Helix«, eine Art Spirale, rundet das Abenteuer schließlich ab.

Die GEFÄHRLICHSTE STADT der USA

PHILADELPHIA im Osten der Vereinigten Staaten ist eine gemütliche Großstadt. Mit 1,5 Millionen Einwohnern ist sie etwas kleiner als Hamburg und wird in den USA auch gerne die »Stadt der brüderlichen Liebe« genannt. Viele Amerikaner kommen als Touristen hierher, denn Philadelphia spielte eine wichtige Rolle in den Gründertagen des Landes. Die Menschen sind freundlich, die Atmosphäre angenehm – man fühlt sich wohl und sicher.

Gleich auf der anderen Seite des an die Stadt grenzenden Delaware River liegt Camden, eine mittelgroße Stadt mit 80 000 Einwohnern. Die Fahrt über den Fluss gleicht dem Betreten einer anderen Welt. Camden ist ein klassisches Opfer der Globalisierung: In der einst florierenden Stadt gingen immer mehr Arbeitsplätze in der Lebensmittel- und Elektronikbranche durch Abwanderung in Billiglohnländer verloren. Heute regiert in Camden die Armut: Die Menschen in der Stadt verdienen meist nur die Hälfte des US-amerikanischen Durchschnitts, sofern sie überhaupt Arbeit haben. Ein Drittel der Einwohner lebt unterhalb der Armutsgrenze.

Johannes Roleder lebte ein Jahr lang in Camden. Der 21-jährige Deutsche arbeitete als Lehrer für Problemkinder: »Man kennt die USA als hoch entwickelte Nation. Mir war es wichtig, auch einmal die Schattenseiten des amerikanischen Traums zu sehen.« Die Schule, in der er unterrichtete, ist umzäunt und vergittert, wie auch die meisten Häuser derjenigen, die noch Wohneigentum besitzen. Roleder hatte sich im Laufe der Zeit an das Leben in der gefährlichsten Stadt der USA angepasst. Meist war er mit dem Fahrrad unterwegs, um bei Gefahr schnell fliehen zu können. Für den kurzen Draht zur Polizei hatte er stets ein Handy dabei – ein älteres Modell, das für Diebe wenig attraktiv ist. Und an Bargeld führte er, wenn überhaupt, höchstens 20 Dollar mit sich.

Diese Sicherheitsmaßnahmen sind leider eine Notwendigkeit, denn in Camden wird alles gestohlen, was man beim örtlichen Schrotthändler Thomas Fanelle verkaufen kann. Öffentliche Stromleitungen und Hydranten sind da noch längst nicht alles, wie Fanelle berichtet: »Einmal kamen zwei junge Typen zu mir, der eine trug den anderen huckepack, weil er keine Beine hatte. Sie wollten seine Beinprothesen als Schrott verkaufen. So viel Verzweiflung sehe selbst ich nicht oft.«

EXTREM GEWAGT

Die **härtesten Wettbewerbe** der Welt

Ein Marathon? Pah, das ist keine Herausforderung! Zumindest nicht verglichen mit 250 Kilometern durch die Antarktis, knapp 5000 Kilometern um den Block oder 1800 Kilometern quer durch Alaska. Diese und weitere Strapazen nehmen die Teilnehmer der härtesten Wettbewerbe der Welt auf sich.

250 KILOMETER: VON MINUS 20 BIS PLUS 50 GRAD

4 DESERTS: DIE MUTTER ALLER ULTRAMARATHONS

Am fünften Tag des Gobi March 2012 musste Anne-Marie Flammersfeld sich übergeben. Sieben Mal. Dabei hatte die deutsche Sportwissenschaftlerin und Personal Trainerin an diesem Tag noch 25 Kilometer vor sich und am folgenden Tag standen noch einmal 15 Kilometer an. Doch 250 Kilometer durch die Wüste Gobi fordern eben ihren Preis. Vor allem, wenn ein Magenvirus und Sandstürme das Laufen nicht gerade einfacher machen.

Für Flammersfeld und die anderen Läufer war die Wüste Gobi die zweite Etappe des 4 Deserts Race, das binnen eines Jahres jeweils 250 Kilometer durch die vier größten Wüsten der Erde führt: Den Anfang macht die Atacama-Wüste in Chile und Peru, gefolgt von der Gobi in China und der ägyptischen Sahara, bis ein Rennen durch die Antarktis, genauer gesagt auf King George Island, den Abschluss bildet. Seit 2006 wird das 4 Deserts jährlich veranstaltet; zwischen 50 und 150 Läufer nehmen an den einzelnen Etappen teil, allesamt gut trainierte Ausdauerexperten. Dennoch gibt es bisher erst 28 Läufer, die alle vier Rennen in einem Jahr absolviert haben, darunter Anne-Marie Flammersfeld.

Mit einem gewöhnlichen Ultramarathon haben die Rennen nicht viel gemeinsam: Jede Etappe dauert sieben Tage, die Läufer müssen die 250 Kilometer also nicht an einem Stück hinter sich bringen. Dies wäre allerdings auch gar nicht möglich, denn der Lauf führt über Dünen und Klippen, losen Sand, rutschiges Eis oder holprige Salzkrusten. In der Atacama-Wüste bewältigen die

Läufer einen Höhenunterschied von 2500 Metern. In der Sahara erreichen die Temperaturen mühelos 50 Grad. Mit plötzlich auftretenden Schneestürmen und Temperaturen um minus 20 Grad müssen die Läufer in der Antarktis rechnen. Das Rennen in der Antarktis ist entsprechend die härteste der vier Herausforderungen, teilnehmen darf nur, wer in demselben Jahr mindestens zwei der anderen Rennen vollständig absolviert hat. Durch die kaum kalkulierbaren Wetterbedingungen in der Eiswüste kommt es immer wieder vor, dass einzelne Etappen ausfallen oder das Rennen vorzeitig abgebrochen werden muss. Gewonnen hat dann, wer in der verfügbaren Zeit die längste Distanz zurücklegen konnte.

Anne-Marie Flammersfeld übrigens trotzte allen Höhenmetern, Sandstürmen und Viren und absolvierte alle vier Rennen des Jahres 2012 als schnellste Frau. In der Gesamtwertung belegte sie Platz vier.

EXTREM GEWAGT

SELF-TRANSCENDENCE 3100 MILE RACE: KINGS OF QUEENS

3100 Meilen entsprechen 4989 Kilometern. Diese Distanz, etwas mehr als die Strecke von Lissabon nach Moskau, bewältigen die Teilnehmer des jährlichen Self-Transcendence 3100 Mile Race in höchstens 52 Tagen. Besonders schwierig ist das Gelände immerhin nicht. Keine Berge stören die Läufer, über die volle Distanz bleiben sie auf einer Ebene. Denn der Lauf führt immer nur um einen Häuserblock im New Yorker Stadtteil Queens, 883 Meter ist eine Runde lang, 5649-mal wird sie durchlaufen.

»Self-Transcencence« bedeutet »über sich hinauswachsen« und genau das ist auch nötig, wenn man dieses Rennen bestehen will: Zwischen Juni und August, wenn das Rennen stattfindet, sind Temperaturen von 30 Grad in New York eher die Regel als die Ausnahme. Fast 5000 Kilometer in 52 Tagen bedeuten knapp 100 Kilometer pro Tag, an jedem Tag. Und die Tatsache, dass die Strecke nur um einen Häuserblock führt, macht sie sicher nicht interessanter.

Ins Ziel schaffen es jährlich meist nur 7 bis 15 Teilnehmer. Allerdings starten auch nur unwesentlich mehr. Ins Leben gerufen wurde das Rennen im Jahr 1988 durch den in den USA lebenden spirituellen Lehrer Sri Chinmoy aus Indien. Anfangs ging das Rennen über 1000 Meilen, bevor die Distanz nach und nach auf 3100 Meilen erhöht wurde.

5000 KILOMETER: IN 52 TAGEN, 100 KILOMETER PRO TAG

RACE ACROSS AMERICA: 4800 KILOMETER MIT DEM RAD

So schön die USA landschaftlich vielerorts auch sind: Es gibt auch weite Strecken, auf denen es außer Maisfeldern oder Steppengras kaum etwas zu sehen gibt. Kilometer für Kilometer Einöde – durch die jedes Jahr die Teilnehmer des Race Across America fahren.

Doch wahrscheinlich haben die Rennradfahrer andere Sorgen als die Schönheit der Umgebung. Nämlich, innerhalb von zwölf Tagen von der Westküste der Vereinigten Staaten an deren Ostküste zu radeln – 4800 Kilometer. 400 Kilometer müssen sie pro Tag im Durchschnitt schaffen. Wie sie das bewerkstelligen, ist ihnen selbst überlassen. Die Zeit läuft, ob sie auf dem Fahrrad sitzen, eine Pause machen oder schlafen.

Im Jahr 2013 startete das Rennen im südkalifornischen Oceanside, nördlich von San Diego. Die härtesten Etappen warteten gleich in der ersten Hälfte des Rennens auf die Fahrer: Die Strecke führte zunächst quer durch die heiße Mojave-Wüste nach Arizona, dort ins mehr als zwei Kilometer über dem Meeresspiegel gelegene Flagstaff und schließlich mitten in die Rocky Mountains, bis auf 3000 Meter Höhe, stets steil bergauf und bergab. Von dort aus geht es über wesentlich weniger unebenes Gebiet bis nach Annapolis, Maryland, unweit der Hauptstadt Washington.

Um die 4800 Kilometer inerhalb der Höchstzeit zu schaffen und möglichst auch im vorderen Feld mit zufahren – die Ersten sind nach etwa acht Tagen im Ziel –, legt sich jeder Fahrer eine Taktik zurecht. Einige kommen mit eineinhalb Stunden Schlaf pro Tag aus, andere schlafen lieber länger und sind dafür schneller auf dem Rad unterwegs. Jure Robič, fünfmaliger Gewinner des Race Across America, absolvierte das Rennen im Jahr 2004 mit insgesamt acht Stunden Schlaf.

4800 KILOMETER: 400 KILOMETER PRO TAG

STRONGMANRUN: SCHLAMMBÄDER UND ELEKTROSCHOCKS

Er fand im Jahr 2007 erstmals statt und ist schon so etwas wie eine Legende, selbst Nachahmer gibt es schon: Der StrongmanRun hat mit einem herkömmlichen Wettlauf nicht mehr viel zu tun. Vielmehr gleicht er einem Bootcamp bei der Armee: Die Teilnehmer absolvieren einen mehr als 20 Kilometer langen Kurs, auf dem jede Menge Hindernisse warten. Mauern aus Strohballen sind noch die harmloseren. Becken voller Schlamm oder aufgeweichter Sägespäne oder steile Rutschen erhöhen den Schwierigkeitsgrad schon, die größten Herausforderungen warten aber erst auf der zweiten Hälfte der Strecke.

20 KILOMETER: 18 HINDERNISSE, 11000 STARTPLÄTZE

Zunächst muss ein Schlammgraben durchkrochen werden, Berge aus Autoreifen und ein eiskalter, 40 Meter langer Pool setzen noch einen drauf. Anschließend müssen die klitschnassen Läufer durch einen Wald aus Kabeln, auf denen eine Spannung von zwölf Volt anliegt. Insgesamt 18 Hindernisse warten auf dem Rundkurs, der zweimal durchlaufen wird. Klingt nach Schinderei? Ist es auch. Dennoch waren alle 11000 Startplätze für den StrongmanRun 2013 innerhalb von 99 Stunden ausverkauft.

Denn der Lauf ist nicht nur ein Wettbewerb, sondern auch eine Party: Läufer treten in den wildesten Verkleidungen von Superheld bis Teddybär an und bewaffnen sich mit Holz- oder Laserschwertern. Man sieht Ritterrüstungen, Ganzkörperanzüge mit Zebramuster und Männer in Frauenkleidern. Der StrongmanRun ist eine gewaltige Gaudi – allerdings eine, die den Teilnehmern das Letzte abverlangt.

IDITAROD: HUNDE UND HELDEN

Zur Zeit des Goldrausches in Alaska Ende des 19. Jahrhunderts entstand an der Westküste des Staates die kleine Stadt Nome. Mit Lebensmitteln und anderen Gütern versorgt wurde sie durch Hundeschlittenzüge aus dem 1800 Kilometer entfernt gelegenen Anchorage. Der Name der Route quer durch die Wildnis: Iditarod Trail, nach dem Ort Iditarod, heute eine Geisterstadt, etwa auf halber Strecke. Noch heute existiert keine Straße, die Nome mit dem Rest von Alaska verbindet, die Versorgung findet aber mittlerweile durch Schiffe und Flugzeuge statt.

Der Iditarod Trail wird aber immer noch mit Hundeschlitten befahren: Seit 1973 findet in jedem März das Iditarod-Hundeschlittenrennen statt, über 50 Schlittenführer mit Gespannen von zwölf Hunden machen sich auf den Weg auf die 1850 Kilometer lange Strecke. Schon früh nach dem Start passieren sie die Baumgrenze und müssen ständig mit einsetzenden Schneestürmen rechnen. Bei Temperaturen von minus 30 Grad oder darunter tragen selbst die zähen Huskys, die die Schlitten ziehen, Stiefel an den Füßen. Dennoch kommt es immer wieder zu Zwischenfällen. Besonders hart war das Jahr 1974, als sich mehrere Zugführer bei Temperaturen von minus 40 Grad

und Windgeschwindigkeiten von 80 Kilometern pro Stunde Erfrierungen zuzogen. 26 Kontrollpunkte sind auf dem Weg nach Nome zu passieren. Auf welchem Weg die Schlittenführer von einem Checkpoint zum anderen gelangen, ist ihnen selbst überlassen, GPS-Navigation ist jedoch untersagt.

Unter diesen extrem schweren Bedingungen sind die Zeiten, in denen die Schnellsten die Strecke bewältigen, umso erstaunlicher: Rekordhalter ist zurzeit der Inuit John Baker mit einer Zeit von 8 Tagen, 18 Stunden und 47 Minuten, was einer Tagesleistung von 210 Kilometern entspricht.

1850 KILOMETER: 50 SCHLITTEN, JE 12 HUNDE PRO SCHLITTEN

CROCODILE TROPHY:
AM LIMIT IM OUTBACK

1200 Meilen durch das australische Outback sind schon eine Herausforderung, wenn man mit dem Auto unterwegs ist. Die Straßenverhältnisse sind oft schlecht, die Hitze ist unerbittlich, der nächste Außenposten der Zivilisation weit entfernt. Dieser Herausforderung stellen sich in jedem Jahr die härtesten Mountainbiker der Welt, in acht Etappen mit einer Länge zwischen 80 und 140 Kilometern. Mal sind an einem Tag 800, mal 2500 Meter Höhenunterschied zu überwinden – staubige Pisten entlang oder steile Hänge hinauf, über Wege, die diese Bezeichnung eigentlich nicht verdient haben.

Jährlich ändert sich die Route der Crocodile Trophy: Das erste Rennen im Jahr 1995 führte von der nordaustralischen Hafenstadt Darwin ins ostaustralische Cairns, im Jahr 2013 von Cairns in einem großen Bogen durch das Hinterland in die weiter nördlich gelegene Kleinstadt Cooktown. Der Rest aber bleibt immer gleich: Die anspruchsvolle Strecke fordert den Fahrern ihr ganzes technisches Können ab; das Risiko, zu stürzen, ist allgegenwärtig. Und auch die Übernachtungen sind alles andere als bequem: Geschlafen wird in einem selbst aufgebauten Zelt, Kopf an Kopf mit giftigen Schlangen und Spinnen. Dennoch: Bis zu 200 Mountainbike-Fahrer nehmen Jahr für Jahr an der Crocodile Trophy teil.

1200 MEILEN: 200 FAHRER, 8 ETAPPEN

IRONMAN HAWAII: DIE KÖNIGSDISZIPLIN

Der älteste aller Iron- man-Wettbewerbe ist immer noch der härteste: Seit 1978 setzen sich Athleten den Strapazen aus, die 3,9 Kilometer Schwim- men im offenen Meer, 180 Kilometer Radfahren und 42 Kilometer Laufen mit sich bringen. Waren es im ersten Jahr nur 15 zähe Burschen, die an den Start gingen, hat der Ironman Hawaii heute um die 1800 Teilnehmer.

Schon die reinen Distanzen lassen normalsportliche Menschen erschaudern, doch es kommt noch viel dicker: Die Temperaturen steigen auf Hawaii im Oktober, wenn das Rennen stattfindet, gerne einmal über 40 Grad. Plötzlich auftretende Winde machen das Radfahren zur Strapaze; das Fahren im Wind- schatten anderer Athleten ist streng untersagt. Wer am Rennen teilnehmen möchte, muss sich zunächst über einen der 24 weiteren weltweit veranstalteten Ironman-Wettbewerbe qualifizieren.

Seinen dramatischen Höhepunkt erlebte der Ironman Hawaii im Jahr 1982: Julie Moss, damals 23 Jahre alt und vollkommen neu beim Triathlon, lag unter den Frauen sensationell in Führung, bis sie wenige Hundert Meter vor der Ziellinie erschöpft zusam- menbrach. Sie kämpfte sich wieder auf die Beine, ging oder lief einige Meter, ange- feuert von den umstehenden Zuschauern, und fiel wieder zu Boden. Mehrere Male wiederholte sich das, Zuschauer halfen ihr hoch, sie lief, sie kollabierte. Nur wenige Meter vor dem Ziel wurde sie schließlich von ihrer größ- ten Konkurrentin Kathleen McCartney überholt.

Moss' eiserner Wille aber inspirierte viele andere Sportler, am Ironman teilzunehmen. Unter ihnen befand sich auch der damals noch vollkommen unbekannte Sportler Mark Allen, der den Ironman Hawaii zwischen 1989 und 1995 sechs Mal gewinnen und zur Legende werden sollte. Und im Jahr 1991 heiratete er Julie Moss.

Alain Robert: DER »ECHTE« SPIDER-MAN«

ALAIN ROBERT

VERBOTENER SPASS

Mehr als 100 Verhaftungen, 30 Tage im Knast, mehrere Zehntausend Dollar Bußgeld: Roberts Leidenschaft bringt ihn immer wieder in Konflikt mit dem Gesetz.

Der berühmteste Fassadenkletterer der Welt litt als Kind unter Höhenangst. Aber er besiegte sie, indem er sich ihr stellte: Alain Robert erzählt gerne die Geschichte, wie er eines Tages von der Schule nach Hause kam, aber seinen Schlüssel vergessen hatte. Da beschloss er, in die Wohnung zu klettern, die im siebten Stock eines Hochhauses lag.

HÖCHSTE GEFAHR

Ein falscher Griff könnte das Ende sein: Alain Robert klettert ohne Seile, die ihn vor einem tödlichen Absturz bewahren. Vor 30 Jahren verletzte er sich bei einem Sturz lebensgefährlich.

Wie viel eigene Legendenbildung in der Anekdote liegt, ist schwer zu sagen: Alain Robert liebt die Aufmerksamkeit, so viel ist sicher. Er hat etliche berühmte Wolkenkratzer erklommen, darunter auch den Burj Khalifa in Dubai, das höchste Gebäude der Welt. Nicht immer zur Freude von Ordnungshütern. Die meisten seiner Kletteraktionen sind illegal, mehr als hundert Mal ist er dafür verhaftet worden. 30 Nächte hat er in Gefängnissen verbracht, in den USA, China und Japan sind mehrere Zehntausend Dollar Bußgeld gegen ihn verhängt worden. Roberts Anwalt kontert immer mit demselben Argument: Es sei eine Form von Meinungsfreiheit, wenn sein Klient auf ein Gebäude steigt. Selbst wenn er dabei die Kleidung seiner Sponsoren trägt – ein Spinnenmann muss schließlich auch Geld verdienen.

»NATÜRLICH HABE ICH ANGST VOR DEM TOD, ABER MEHR ANGST HABE ICH VOR EINEM LANGWEILIGEN LEBEN.«

Für seine Familie ist das nicht einfach. Seine Frau begleitet ihn aus Angst nicht mehr bei seinen Kletteraktionen, und bevor er 2012 ohne Sicherung das 318 Meter hohe Gebäude Torch Doha in Katar hinaufkletterte, erzählte er seinen drei Söhnen nichts von seinem Plan. Natürlich hat er den gefährlichen Aufstieg geschafft – in weniger als drei Stunden, Weltrekord. Wieder einmal.

Dass Alain Robert seit Jahrzehnten Weltrekorde im Fassadenklettern bricht, ist ein kleines Wunder. Nicht nur aufgrund der Gesetze der Physik, auch wegen Roberts Physis: Im Jahr 1982 stürzte der Franzose 15 Meter aus einer Felswand und lag zwei Wochen mit gebrochenen Knochen und einer Schädelfraktur im Koma. Seitdem ist der Extremkletterer körperlich stark beeinträchtigt, zwei Drittel seines Bewegungsapparates funktionieren nur eingeschränkt. Aufgrund von zwei Ellenbogenbrüchen kann er die Arme nicht vollständig ausstrecken, beide Handgelenke waren zerschmettert. Und dennoch hing Alain Robert nur ein halbes Jahr nach seinem lebensgefährlichen Unfall wieder in einer Felswand.

Noch eine Nachwirkung seines Unfalls macht Alain Robert zu schaffen: Seit dem Sturz leidet er an einem Innenohrschwindel, der seinem Gleichgewichtsempfinden zusetzt. Doch Robert hat gelernt, das Handicap zu ignorieren: »Der Schwindel bringt dich nicht zu Fall. Nur wenn du deinen Griff verlierst.« Mittlerweile ist der »echte Spider-Man«, wie er manchmal genannt wird, über 50 Jahre alt, bei den Strapazen, die er auf sich nimmt, drohen Sehnenrisse. Doch Alain Robert kann und will ohne die Herausforderung nicht sein. Und man hat sogar den Verdacht, es mache ihm fast genauso viel Spaß wie seinem Comic-Gegenstück, die Polizei zu foppen.

Die GEFÄHRLICHSTEN ORTE der Welt

In der hondu-ranischen Stadt San Pedro Sula geschehen die meisten Morde der Welt, auch Krisenherde wie Bagdad, Kabul und Mogadischu sind lebensge-fährlich. Doch auch weit entfernt von Kriegsgebieten gibt es Orte, an denen Besucher ihr Leben riskieren. Galileo stellt die bedrohlichsten Gegen-den der Welt vor.

USA

DEATH VALLEY: IM HERZEN DER HÖLLE

Der Nationalpark Death Valley im Südwesten der USA ist ein bei Touristen beliebter Ort mitten in der Wüste. Doch immer wieder verlieren hier auch Besucher ihr Leben. Manche Straße im »Tal des Todes« führt zu entlegenen Regio-nen. Wer hier mit dem Auto liegen bleibt, ist in Gefahr: Mobilte-lefone haben keinen Empfang. Die Temperaturen überschreiten im Sommer oft die 40-Grad-Marke. Im Auto wird es ohne Klima-anlage binnen weniger Minuten unerträglich heiß. Wer aussteigt und sich nur einige Hundert Meter vom Fahrzeug entfernt, verliert durch das Schwitzen bald die Orientierung und findet nicht mehr zurück. Ironischerweise ist die Gefahr, sich im Death Valley zu verfahren und nicht mehr zurückzufinden, vor allem durch Navigationssysteme noch gestiegen. Viele dieser Systeme sind vor allem in entlegenen Gebieten fehlerhaft und führen nichts ahnen-de Fahrer etwa auf Straßen, die nur mit Geländewagen befahrbar sind.

LORENZA MCKELLIPS LARKIN DIED IN INFANCY 1813 4 YEARS OLD

HUASHAN:
EIN SPAZIERGANG AM ABGRUND

Der Berg Huashan im Herzen Chinas galt daoistischen Mönchen über zwei Jahrtausende als Rückzugsort für das Gebet. Dann, in den 1980er-Jahren, entdeckten die ersten Touristen diesen Ort und die spektakuläre Aussicht von den verschiedenen Gipfeln des Berges. Um den sich entwickelnden Tourismus zu fördern, wurden Wanderwege angelegt, die zu den Gipfeln führen.

Doch diese Wege erfordern noch heute starke Nerven. Teilweise bestehen sie nur aus einigen Holzplanken, die direkt an der Bergwand angebracht sind. Eine Eisenkette, an der Wanderer sich festhalten können, ist die einzige Sicherung. Wer vom Pfad abrutscht, stürzt unweigerlich mehrere Hundert Meter in einen sicheren Tod. Zwar wurden in den vergangenen Jahren immer neue Sicherheitsvorrichtungen installiert – auch eine Seilbahn kann Besucher heute sicher zum Gipfel bringen –, doch noch immer gibt es weitere Todesfälle unter den Touristen, die die atemberaubende Natur zu Fuß erkunden wollen.

BOLIVIEN

YUNGAS-PASS: DIE STRASSE DES TODES

Am 24. Juli 1983 stürzte ein Bus in den bolivianischen Bergen den Abhang hinunter, alle 100 Insassen starben. Jahrzehntelang forderte der Yungas-Pass mehr als 200 Todesopfer pro Jahr. Damit gilt er als die gefährlichste Straße der Welt. Mittlerweile existiert zwar eine Umgehungsstraße, doch immer noch verlieren Menschen auf dem Yungas-Pass ihr Leben. Die 60 Kilometer lange Straße schlängelt sich an steilen Abhängen die Yungas-Berge hoch. Sie ist so schmal, dass zwei Fahrzeuge kaum aneinander vorbeipassen, eine Leitplanke gibt es nicht. Regen macht aus dem lockeren Straßenbelag oft eine rutschige Schlammgrube. Außerdem gilt hier Linksverkehr, während man in Bolivien sonst rechts fährt. Vor der Eröffnung der Umgehung teilten sich Autos die Straße mit Trucks und Fahrradtouristen. Letztere sind heute fast die einzigen verbliebenen Fahrer auf der Straße – zu tödlichen Unfällen kommt es aber immer noch.

RUSSLAND

M56: DIE STRASSE DER KNOCHEN

In die Stadt Jakutsk im hintersten Osten Russlands führt eine einzige Straße: Die M56, auch »Kolyma-Fernstraße« genannt, verbindet die Großstadt mehr als 1000 Kilometer weiter südlich mit dem restlichen Straßennetz des Landes. Und diese 1000 Kilometer haben es in sich. Die kaum befestigte Straße gleicht auf weiten Strecken, aufgeweicht von massiven Regenfällen, einem Schlammloch. Autos und Lastkraftwagen fahren sich reihenweise fest und versinken fast zur Hälfte im Matsch. Am besten kommt man auf der Straße noch im Winter voran, wenn Temperaturen von oft unter minus 40 Grad den Schlamm gefrieren lassen. Doch auch dann behindern Schneefälle die Sicht, die Straße ist glatt und lebensgefährlich, was der M56 ihren Beinamen eingebracht hat: »Straße der Knochen«.

YOGYAKARTA:
LEBEN NEBEN DEM FEUERBERG

Die Region Yogyakarta ist ein Sultanat Indonesiens, eine Art Staat im Staat mit eigener Kultur und Lebensweise. Viele der hier gepflegten Legenden ranken sich um einen nahen Berg: den Vulkan Merapi, einen der aktivsten Indonesiens. Um ihn drehen sich uralte Mythen – und er bedroht ständig das Leben der Menschen in der Sultanatshauptstadt Yogyakarta. Eine halbe Million Einwohner leben hier, viele zumeist indonesische Touristen kommen hierher. Dabei herrscht hier eine ständige, sichtbare Gefahr, denn der Merapi zeigt seit 20 Jahren fast ständig Aktivität. Mehrere Ausbrüche sind bereits erfolgt, viele Hundert Menschen ihnen zum Opfer gefallen. Ein besonders heftiger Ausbruch erfolgte 2010: Der Merapi schleuderte eine Wolke aus Staub und Asche mehrere Kilometer hoch in die Luft. Die Asche bedeckte weite Teile der Stadt und der umliegenden Dörfer. Mehrere Hundert Menschen starben, fast 400 000 mussten evakuiert werden. Ende des Jahres 2010 beruhigte sich der Vulkan allmählich – und die Menschen zogen wieder in seine Nähe.

NEPAL

TENZING-HILLARY AIRPORT: LANDEN AUF DEM DACH DER WELT

Wer am Boden ist, hat's geschafft. Nicht der kleine Flughafen Tenzing-Hillary Airport im östlichen Nepal selbst ist gefährlich, sondern der Weg dorthin oder von dort weg. Der Airport liegt mitten im Himalaya auf 3000 Metern Höhe. Das Wetter ist unberechenbar, binnen weniger Minuten kann ein klarer Himmel zu einer undurchdringbaren Wolkensuppe werden. Scherwinde machen anfliegenden Flugzeugen zusätzlich zu schaffen, und auch die Lage selbst stellt Piloten vor große Herausforderungen: Am einen Ende der Start- und Landebahn wartet ein Bergmassiv, am anderen Ende ein 600 Meter tiefer Abgrund. Obendrein werden Starts und Landungen fast gleichzeitig durchgeführt, indem ein startendes Flugzeug etwas tiefer fliegt als ein landendes und beide Maschinen sich auch noch in den heikelsten Momenten eines jeden Fluges begegnen.

INDIEN

CHERRAPUNJI: ACHT MONATE DAUERREGEN

Auf den ersten Blick ist die Region um die Stadt Cherrapunji idyllisch: Wälder überziehen die Dächer hoher Abhänge, von denen Wasserfälle in die Tiefe stürzen. Tatsächlich aber ist Cherrapunji im Nordosten Indiens eine grüne Hölle: Von März bis Oktober dauert die Regenzeit. Der Boden ist aufgeweicht, Erdrutsche stellen eine ständige Gefahr dar. Ironischerweise leidet die Gegend auch noch an einem Mangel an Trinkwasser, da der poröse Boden die Niederschläge nicht halten kann. So müssen die Bewohner kilometerweit bis zur nächsten Trinkwasserquelle laufen – über einen Boden, der jederzeit wegrutschen kann.

AUSTRALIEN

EYRE HIGHWAY: DAS GROSSE NICHTS

1675 Kilometer weit verläuft der australische Eyre Highway über die Nullarbor Plain, eine riesige Ebene aus rotem Sand und hüfthohen Büschen. Ansonsten gibt es hier nur Monotonie und den längsten schnurgeraden Straßenabschnitt Australiens: 145 Kilometer ohne jede Kurve. Genau dies macht den Eyre Highway gefährlich: Beim Fahrer stellt sich Langeweile ein, die Konzentration leidet. Doch aus dem Nichts können Kängurus, Dingos oder gigantische Lastwagen auftauchen. Zusätzliche Gefahr ergibt sich aus der Abgeschiedenheit der Strecke: Wer mit dem Auto liegen bleibt, muss oft stundenlang in der Wüstenhitze warten, bis Hilfe eintrifft.

Gefährliche Tiere:
KLEIN, ABER FIES

Dass Menschen sich vor Löwen, Alligatoren und Bären in Acht nehmen sollten, wissen wir längst. Doch es gibt auch wesentlich kleinere Tiere, die uns extrem gefährlich werden können. Galileo zeigt die fiesesten Winzlinge.

Die SYDNEY-TRICHTER-NETZSPINNE

Ob Tarantel oder Vogelspinne: Vielen Ammenmärchen und Kriminalfilmen zum Trotz sind die meisten Spinnen für gesunde Menschen nicht sonderlich gefährlich. Die Sydney-Trichternetzspinne dagegen ist es schon – und sie lebt unter ihnen, nämlich in der und um die südostaustralische Millionenstadt Sydney. Ihr Gift Atracotoxin ist seltsamerweise für andere Säugetiere kaum gefährlich, lähmt aber die Nervenzellen von Menschen und anderen Primaten. Die Sydney-Trichternetzspinne betrachtet Menschen zwar nicht als Beute, greift sie aber bei Gefahr auch an – und Gefahr kann schon bestehen, wenn man ihr unbemerkt zu nahe kommt. Dann führt ein Biss in weniger als einer Stunde zu ersten Lähmungserscheinungen, ein Kleinkind starb nach dem Biss gar in nur 15 Minuten an den Folgen. Zum Glück ist dies lange her. Seitdem im Jahr 1981 ein Gegengift entwickelt wurde, sind keine weiteren Todesfälle bekannt geworden.

FEUERFISCHE

In flachen Regionen des Roten Meeres sowie des Indischen und Pazifischen Ozeans fühlt sich ein Fisch zu Hause, der auch bei Besitzern von Meerwasseraquarien sehr beliebt ist. Feuerfische besitzen an Rücken- und Bauchflossen lange Fortsätze, die sie im Verteidigungsfall ihrem Angreifer entgegenstrecken. An diesen Fortsätzen, Hartstrahlen genannt, sitzen Drüsen, die ein Muskelzuckungen auslösendes Gift produzieren, das für andere Fische schnell tödlich wirken kann. Auf gesunde erwachsene Menschen wirkt das Gift zwar meist nicht unmittelbar tödlich, verursacht aber dennoch starke Schmerzen und Zuckungen, wodurch Feuerfische auch für Taucher eine Gefahr darstellen. Mittlerweile wurden sogar an der Ostküste der USA Feuerfische entdeckt, bei denen es sich wohl um freigelassene Tiere aus Aquarien handelt. Das Fatale an diesem Umstand ist, dass die dortigen Küstenregionen wesentlich dichter bevölkert sind als das ursprüngliche Verbreitungsgebiet.

Der SCHRECKLICHE PFEILGIFTFROSCH

Die gute Nachricht vorab: Die Chance, diesem Tier jemals zu begegnen, ist sehr gering. Der Schreckliche Pfeilgiftfrosch kommt nämlich nur in einem sehr kleinen Gebiet an der kolumbianischen Pazifikküste vor. Sollte man sich aber dort aufhalten und dem knallgelben Tier begegnen, geht man ihm besser aus dem Weg. Der Pfeilgiftfrosch trägt sein Gift namens Batrachotoxin außen auf der Haut. Es lähmt Muskeln und Atmung, selbst geringste Mengen können beim Menschen zum Tod führen. Viel Zeit, den Arzt aufzusuchen, bleibt bei einer Vergiftung nicht mehr, das Gift tötet nach 20 Minuten. Und in seiner dicht bewaldeten Heimat dürfte der nächste Arzt definitiv weiter entfernt sein. Seinen Namen erhielt der Schreckliche Pfeilgiftfrosch, weil die in seiner Umgebung lebenden Indianer sein Gift tatsächlich für ihre Giftpfeile nutzen, um Jagd auf Vögel und kleine Säugetiere zu machen. Das Gift eines einzigen Frosches reicht dabei für etwa 40 Giftpfeile.

Der GELBE MITTELMEERSKORPION

Wie der gelbe Pfeilgiftfrosch signalisiert auch der Gelbe Mittelmeerskorpion schon durch seine Farbe: Finger weg! Die Chance, diesem Tier zu begegnen, ist nicht einmal gering, denn es hält sich in Wüstenregionen zwischen Nordafrika und dem Mittleren Osten auf. Touristen in der Türkei, den Vereinigten Arabischen Emiraten oder in Tunesien laufen also durchaus Gefahr, diesem kleinen Fiesling zu begegnen. Das meistens nur knapp sechs Zentimeter lange Tier verfügt über ein Gift, das aus mehreren verschiedenen Nervengiften zusammengesetzt und bei Tieren entsprechend tödlich ist. Gesunde, erwachsene Menschen überstehen einen Stich zumeist unter zwar großen Schmerzen, sind aber nicht in Lebensgefahr. Anders verhält es sich aber mit Kindern, Senioren und kranken Personen, für die ein Stich auch mit einem tödlichen Herzstillstand enden kann. Immerhin tut der Gelbe Mittelmeerskorpion auch Gutes: Eines seiner Gifte, Chlorotoxin, kann in der Medizin bei der Behandlung von Hirntumoren eingesetzt werden, andere Bestandteile des Giftes werden auf ihre Wirksamkeit bei der Diabetestherapie untersucht.

Die ROTE FEUERAMEISE

Sie sind erfolgreiche Nutznießer des weltweiten Handels: Rote Feuerameisen, ursprünglich nur in Südamerika beheimatet, haben sich mittlerweile auch in den USA, Australien, China und Taiwan angesiedelt. Meist gelangen sie an Bord von Schiffen in ihr neues Verbreitungsgebiet und vermehren sich dort dann prächtig, was an ihrer extrem effektiven und aggressiven Verhaltensweise liegt. Denn Rote Feuerameisen sind oft als unaufhaltbare Armeen unterwegs. Manch eine Kolonie besteht sogar aus mehreren Bauten, die untereinander in ständigem Kontakt stehen. Wo sie sich ansiedeln, rotten sie andere Ameisenarten aus. Obwohl andere Insektenarten ihre Hauptnahrungsquelle sind, greifen Rote Feuerameisen auch immer wieder Menschen an. Mehrere Dutzend oder gar Hunderte dieser Tiere befallen das Bein eines Menschen, beißen zunächst in die Haut und spritzen anschließend mit ihrem Stachel ihr Gift hinein. Meistens verlaufen diese Angriffe für den Menschen zwar sehr unangenehm, aber ungefährlich. Fühlen sich Rote Feuerameisen hingegen bedroht – etwa, weil ein Mensch in einen ihrer Bauten tritt –, rotten sie sich zu riesigen Armeen zusammen und überfallen den Angreifer. Die Folge einer solchen Attacke wiederum kann eine Schockreaktion sein, die schnell lebensgefährlich werden kann.

Die **PORTUGIESI-SCHE GALEERE**

Eigentlich im Pazifik beheimatet, wurde die Portugiesische Galeere in den vergangenen Jahren auch immer wieder an beliebten Urlaubsstränden auf den Kanarischen Inseln, in Portugal oder Miami Beach gesehen. Sie ähnelt einer Qualle mit blauem Körper, doch in Wirklichkeit ist die Portugiesische Galeere eine wahre Armee: Eine ganze Kolonie voneinander unabhängiger Polypen setzt sich zu einer hocheffizienten Kampfmaschine zusammen. Gemeinsam geht dieses Gebilde auf Jagd, wobei die hoch spezialisierten Polypen unterschiedliche Aufgaben durchführen: fressen, tasten, Gefahren abwehren. Das Gift, das die Portugiesische Galeere über ihre Tentakel absondert, ist zwar für die meisten Menschen ungefährlich, für Kinder, ältere Personen und Allergiker kann es aber tödlich sein. Dabei wirkt es schon bei Kontakt mit der Haut und verursacht starke Schmerzen und Striemen wie nach einem Peitschenhieb. Wer also während des Strandurlaubs ein an den Strand gespültes Exemplar findet, tut gut daran, einen respektvollen Bogen um das Tier zu machen.

Der **INLANDTAIPAN**

Australien gilt als der giftigste Kontinent der Welt, und der Inlandtaipan trägt vieles zu diesem Ruf bei. Taipoxin, das Gift der meist knapp zwei Meter langen Schlange, ist das wirksamste Schlangengift der Welt: Die bei einem einzigen Biss abgegebene Menge würde ausreichen, um mehr als 200 Menschen zu töten. Allerdings ist es sehr unwahrscheinlich, jemals von einem Inlandtaipan gebissen zu werden. Zum einen lebt er in einer Region im Herzen Australiens, in der sich kaum Menschen aufhalten, und zum anderen zieht er die Flucht meist dem Angriff vor. Nur wenn ihm der Fluchtweg abgeschnitten ist, greift er an – vorausgesetzt, er nimmt den Menschen in der Nähe als Gefahr wahr. Verhält man sich in seiner Nähe ruhig, wird der Taipan auch nicht aggressiv reagieren und den Menschen schlicht ignorieren.

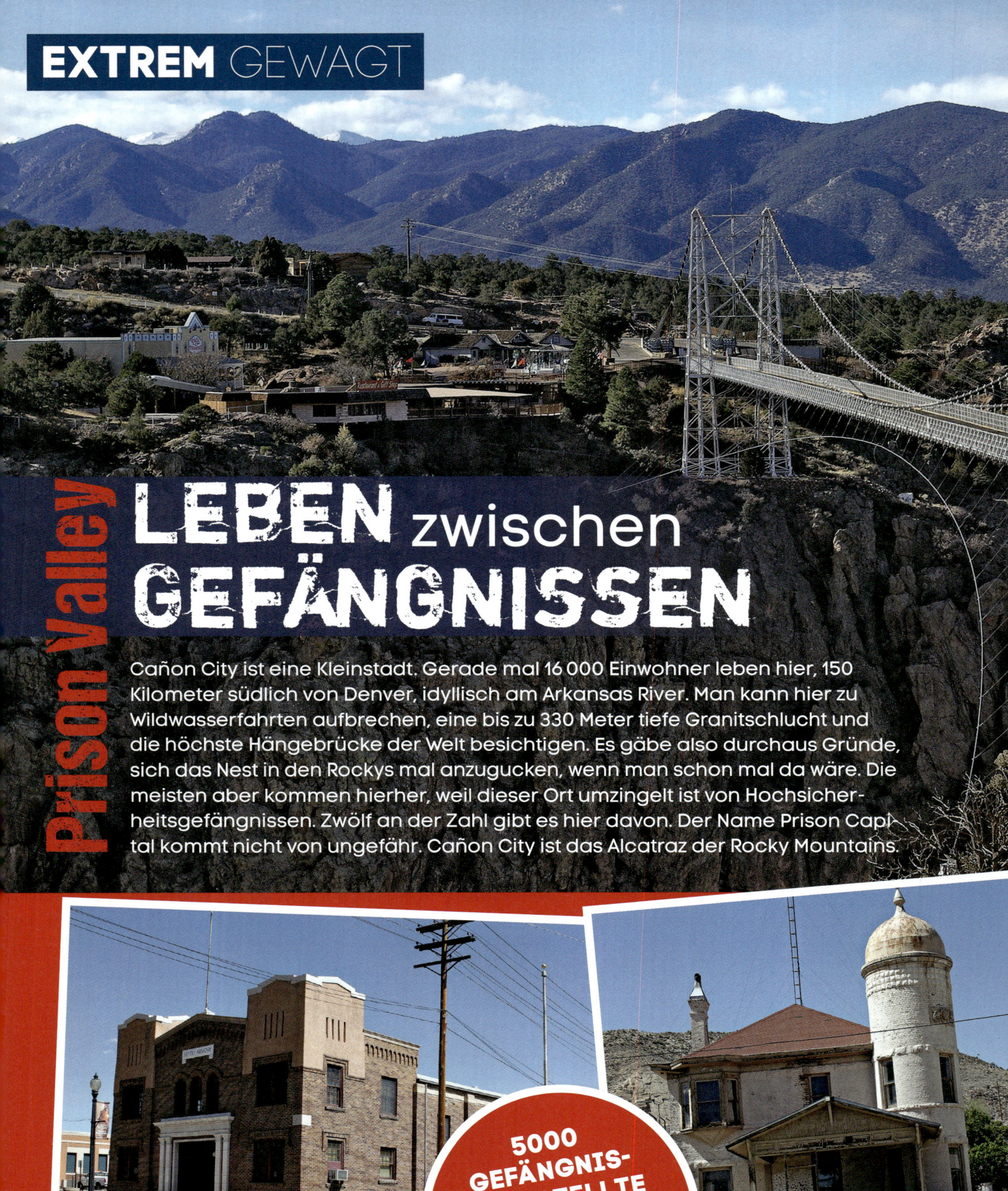

Prison Valley

LEBEN zwischen GEFÄNGNISSEN

Cañon City ist eine Kleinstadt. Gerade mal 16 000 Einwohner leben hier, 150 Kilometer südlich von Denver, idyllisch am Arkansas River. Man kann hier zu Wildwasserfahrten aufbrechen, eine bis zu 330 Meter tiefe Granitschlucht und die höchste Hängebrücke der Welt besichtigen. Es gäbe also durchaus Gründe, sich das Nest in den Rockys mal anzugucken, wenn man schon mal da wäre. Die meisten aber kommen hierher, weil dieser Ort umzingelt ist von Hochsicherheitsgefängnissen. Zwölf an der Zahl gibt es hier davon. Der Name Prison Capital kommt nicht von ungefähr. Cañon City ist das Alcatraz der Rocky Mountains.

5000 GEFÄNGNIS-ANGESTELLTE BEWACHEN DIE HAFTANSTALTEN TAGTÄGLICH

Für Leute, die hier aufgewachsen sind, ist es völlig normal, dass sie von Gefängnissen umzingelt sind. Diese sind die Hauptarbeitgeber der Stadt. 5000 Gefängnisangestellte bewachen die Haftanstalten. Einen sichereren Arbeitsplatz gibt es wohl in ganz Amerika nicht. Jeder 120. US-Bürger sitzt hinter Gittern, etliche in Cañon City. Etwa 2000 Dollar im Monat verdienen die Wachleute, die im County Jail die Kurzzeithäftlinge bewachen, die maximal für drei Jahre einsitzen. Wer auf die ganz harten Jungs aufpasst, bekommt mehr. Fünf Kilometer weiter liegt das sicherste Bundesgefängnis der USA. Im Supermax sind die Insassen 23 Stunden pro Tag in Isolationshaft. Fast die Hälfte des Gebäudes liegt unterirdisch – damit die zumeist lebenslänglich Verurteilten keine Chance haben zu flüchten. Die Gefängnisse sind immer gut gefüllt. Dieser Wirtschaftsbereich kennt keine Flaute. 1887 hatte Cañon City die Wahl: eine Universität oder ein Gefängnis für Verbrecher aus ganz Colorado. Man entschied sich für Letzteres, weil man schon damals wusste, was lukrativer ist. Mitten in der Innenstadt entstand damals das Territorial Prison; die Häftlinge selbst mussten die Mauern hochziehen. Auf Besichtigungstouren für Touristen werden die Geschichten rund um die Gefängnisse brühwarm erzählt und bildlich ausgemalt. Wer es noch nicht wusste, ist hinterher bestens informiert darüber, was beim Hängen alles schiefgehen kann, warum ein Rechenfehler zu längerem Leiden führt und andere Tötungsarten dem Strick vorzuziehen seien. 32 Mal wurde die Gaskammer benutzt, Zuschauer waren erlaubt. Die Knäste stören niemanden. »Für die Stadt ist es besser als Industrie. Fabriken können pleitegehen. Kriminalität gibt's immer.« Auch der Inhaber des Ladens für Arbeitskleidung freut sich über die Gefängnisse. Schusssichere Westen und Waffen bieten hier eine todsichere Einnahmequelle.

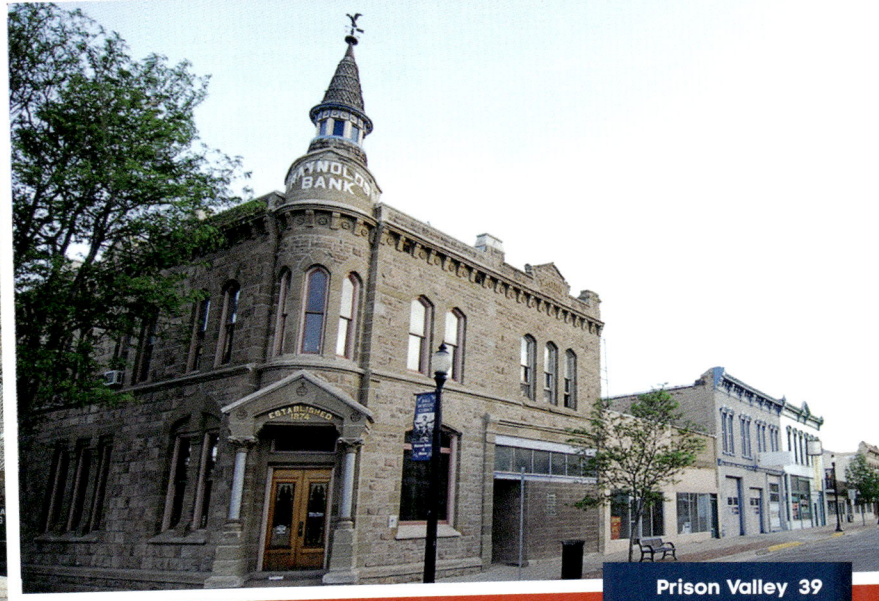

Die GRÖSSTEN [KALORIENBOMBEN]

Viel Fett, noch mehr Zucker und einfach unglaublich lecker: Wir Deutschen kennen Pudding, Arme Ritter oder auch mal Apfelküchle. Aber welche Kalorienbomben gönnen sich andere Länder? Galileo geht auf eine kulinarische Reise.

450 Kalorien

[Schweiz: Vermicelles

Eine der größten Kalorienbomben der Welt wird aus Esskastanien hergestellt. Die haben zwar nur 173 Kalorien pro 100 Gramm – werden aber für den typischen Schweizer Nachtisch Vermicelles erst püriert und dann mit Butter, Sahne und Zucker zu einer süßen Masse verrührt. Unter die Vermicelles-Masse kommen oft noch Eiweiß-Baisers aus Eiklar und noch mehr Zucker. So schafft es eine kleine Portion Vermicelles locker auf 450 Kalorien.

800 Kalorien

900 Kalorien

[Spanien: Churros

Spanienurlauber kennen die frittierten Teigkringel, die man dort fast an jeder Ecke bekommt. Churro-Teig besteht aus Salzwasser, Mehl und Backpulver. Er wird mit einer Spritzmaschine in Form gebracht und in reinem Sonnenblumenöl frittiert. Hier saugt sich der Teig mit dem Öl proppenvoll. Ergebnis: 800 Kalorien pro Portion.

[USA: Schokospeck

Bei dieser amerikanischen Spezialität kommen zwei echte Kalorienbomben zusammen: Bauchspeck vom Schwein wird erst gebacken und dann mit flüssiger dunkler Schokolade überzogen. Eine übliche Portion von 150 Gramm kommt so auf satte 900 Kilokalorien – vergleichbar mit zwei Stücken Schwarzwälder Kirschtorte.

China: karamellisierte Taro

Die Taro-Wurzel ist in Ostasien eine wichtige Nutzpflanze und enthält sehr viel Stärke. Das macht sie noch nicht zur Kalorienbombe. Für ein vor allem in Schanghai bekanntes Dessert werden Stücke der Knolle allerdings zunächst in einer Panade aus Eiern und Weißmehl gewälzt und dann in reinem Erdnussöl ausgebacken. Anschließend werden die mit viel Öl vollgesogenen Stücke mit einer Glasur aus karamellisiertem Zucker überzogen und zu guter Letzt noch mit einem Nest aus Fäden aus einer zäheren Zuckermasse garniert. So kommt die Schanghaier Zuckerdröhnung zum Schluss auf satte 1050 Kalorien pro Portion.

1050 Kalorien

USA: Fried Frito Pie

1200 Kalorien

Mike Thomas aus dem texanischen Dallas ist der Erfinder des Fried Frito Pie. Hierfür benötigt er Kartoffelchips der Marke Frito, die sich wegen ihrer gebogenen Form gut füllen lassen. Zwischen zwei dieser Chips kommt eine Mischung aus Chilisoße und Käse, bevor sie paniert und frittiert werden. Die Nuggets sehen zwar harmlos aus, kaum jemand schafft aber mehr als fünf Stück und somit etwa 1200 Kalorien.

1500 Kalorien

England: Plumpudding

Anderswo gilt Rindernierenfett als Schlachtabfall, in England indes als Grundzutat für ein Nationalgericht. Für den Plumpudding wird es zerkleinert, mit braunem Zucker, Kirschen, Rosinen oder auch Nüssen sowie einem guten Schuss Rum gründlich vermischt und in einem Dampfgarer gegart. Übrigens besteht der Plumpudding weder aus Pflaumen (auf Englisch »plum«), noch ist er ein Pudding, da er keine Milch enthält, dafür aber etwa 1500 Kalorien pro Portion.

[BOLIVIEN]
Gefahr unter Tage

Tief hinein in die Silberminen der Anden kriechen bolivianische Kumpel jeden Morgen auf dem Weg zur Arbeit. 16 000 Arbeiter suchen täglich im Cerro Rico, dem »reichen Berg«, nach Silber. Das ist nicht nur strapaziös, sondern auch gefährlich: Häufige Sprengungen füllen die Mine mit giftigen Gasen; außerdem besteht ständig die Gefahr, dass ein Teil der Mine einstürzt. Die Folgen dieses Jobs: Die Lebenserwartung der Minenarbeiter liegt im Durchschnitt bei nur 38 Jahren.

Sie sitzen morgens im Bus oder stehen im Stau? Weltweit haben die Menschen ganz andere Strapazen vor sich, um zur Arbeit zu kommen. Galileo hat sie begleitet.

Die SPEKTAKULÄRSTE

[ÄTHIOPIEN]
Durch Feindesland

Jeden Tag müssen die Rinderhirten des äthiopischen Bodi-Volkes kilometerweit durch die trockene Savanne wandern, um zu ihrem Arbeitsplatz, zur Herde, zu kommen. Eine Gefahr stellen dabei nicht nur Raubtiere dar, sondern auch Mitglieder anderer Stämme. Denn die Bodi sind Krieger, das Verhältnis zu anderen Stämmen ist nicht immer entspannt. Jede Begegnung kann so in einem tödlichen Konflikt enden.

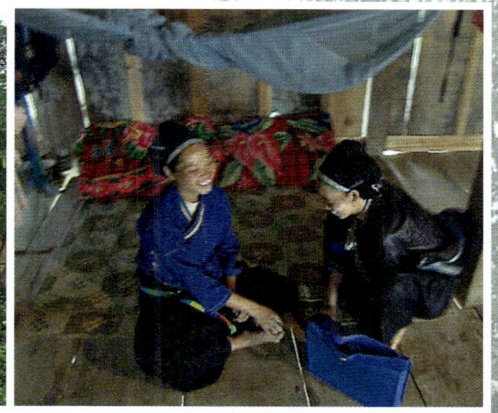

[VIETNAM]
Die wandernde Hebamme

Die nordvietnamesischen Bergregionen sind dünn besiedelt und schwer zugänglich, die nächste kleine Krankenstation ist oft Stunden entfernt. An einer solchen arbeitet die Hebamme Sin Thi Rum. Da ihre schwangeren Patientinnen nicht zu ihr kommen können, muss sie zu ihnen nach Hause bis zu 30 Kilometer weit und zu Fuß, denn bei einem Monatsgehalt von nur sieben Euro kann Sin Thi Rum sich weder ein Auto noch ein Moped leisten.

ARBEITSWEGE

[DEUTSCHLAND]
Am Drahtseil in die Tiefe

Auch in Deutschland gibt es Arbeitswege, die lebensgefährlich sind: Mitarbeiter der Harz-Energiebetriebe etwa müssen tief unter die Erde, um eine dort installierte Turbine eines Wasserkraftwerks zu reparieren. Die erreichen sie nur über eine Fahrkunst – zwei Seilpaare mit Griffen und Trittbrettern aus dem Jahr 1837, die die Männer hinunter in den Stollen bringen. Ein unachtsamer Tritt oder ein falscher Griff kann hier schnell das Leben kosten, denn nur alle 60 Meter bremsen alte Eisenplatten den freien Fall. Daran, dass die uralten Stahlseile der Fahrkunst einmal reißen könnten, mag dann auch kein Arbeiter des Reparatur-Teams denken.

[INDIEN]
Durchs Märchenland

Im Nordosten Indiens lebt das Volk der Kasi. Die Kasi leben weitgehend abgeschnitten nur von dem, was sie selbst anbauen und finden. Vor allem den jungen Männern fällt die Aufgabe zu, im Dschungel nach Feuerholz zu suchen. Da jeder Familie ein Gebiet zugeteilt ist, führt der Weg oft kilometerweit durch märchenhafte Landschaften und über abenteuerliche, aus den Wurzeln von Gummibäumen geflochtene Brücken. Ein Arbeitsweg, der so riskant wie schön ist.

[PERU]
Der Amazonas als Highway

Don Pedro Guerra Gonzales arbeitet im Amazonasbecken Nordperus als Heiler. Straßen gibt es hier fast keine. Daher benutzt Gonzales, wenn er Heilpflanzen sucht, sein Kanu. Mehr als zehn Kilometer legt er teils täglich auf dem Amazonas zurück – und das seit 30 Jahren. Denn keine Apotheke, so sagt er, bietet so viele Heilmittel wie der Fluss.

Der Ijen ist einer von 130 aktiven Vulkanen Indonesiens, hier arbeitet Anto Wijaya. Mit dem Job bringt er seine junge Familie durch, dafür setzt er jeden Tag seine Gesundheit aufs Spiel. Morgens beginnt der Aufstieg zu den Minen. Erst muss Wijaya drei Kilometer bergauf bis zum Kraterrand, dann folgt eine Stunde Abstieg in die Minen. Dabei trägt er einen speziellen Bambuskorb: Zwei Behälter an jeder Seite, verbunden durch eine biegsame, flache Stange, die er auf der Schulter trägt. Wenn er ins Tal zurückkehrt, bewegt er darin rund 80 Kilogramm, manche Arbeiter schaffen bis zu 100. »Das erste Mal habe ich nur 35 Kilo tragen können«, sagt Wijaya. »Danach hatte ich starke Schmerzen und schaffte beim nächsten Mal nur 15.«

Die SCHWEFELTRÄGER von

Schwefel ist ein begehrter Rohstoff – Zuckerraffinerien benutzen ihn etwa zum Bleichen. Doch sein Abbau gehört zu den gefährlichsten Jobs der Welt. In Indonesien, auf der Insel Java, wird Schwefel in einem Vulkankrater abgebaut, unter Arbeitsbedingungen wie vor hundert Jahren. Giftige Dämpfe und ein beschwerlicher Weg von den Minen bis ins Tal haben der Mine den Beinamen »die gelbe Hölle« eingebracht. Für rund 300 Arbeiter sichert der Vulkan allerdings den Lebensunterhalt.

INDONESIEN

Der Weg ist steil und bei Regen sehr gefährlich. Dann wird der Boden rutschig, und die Minenarbeiter kommen nur schwer voran – die Gefahr steigt, sich zu verletzen. Und mit einem verstauchten oder gebrochenen Knöchel ist die Arbeit nicht zu bewältigen.

Nach etwa drei Stunden Fußmarsch ist das Herz des Kraters erreicht. Ein säurehaltiger, türkisfarbener See, der Kawah Ijen, liegt inmitten des Kraters, 42 Grad heiß. Es riecht nach faulen Eiern, das Gas, das durch das Gestein austritt, brennt in den Augen.

Unter dem See liegt in einigen Kilometern Tiefe die Magmakammer. Unaufhörlich stößt sie ein Schwefel-Wasser-Gemisch aus, das durch das Wasser und Gesteinsrisse an die Oberfläche strömt. Wo die Risse besonders groß sind, haben die Minenbetreiber Auffangrohre installieren lassen: Sie kühlen den Dampf und leiten ihn zum Abbauplatz, wo er erkaltet und flüssig wird. Zunächst bildet sich eine rote Schlacke, aber erst wenn der Schwefel vollständig abgekühlt ist, hat er die charakteristische blassgelbe Farbe und kann mit dem Spaten gebrochen und abtransportiert werden. Immer wieder drückt der Wind die beißenden Dämpfe in den Krater, die Minenarbeiter müssen ihre Tätigkeit häufig unterbrechen. Ihre Lebenserwartung liegt zehn Jahre unter dem indonesischen Durchschnitt: Älter als 50 wird kaum jemand, der lange in der Mine arbeitet. Das Schwefeldioxid verätzt die Lunge, die Folge sind blutiger Husten und Atemnot.

Kräftige, junge Männer schaffen am Tag zwei dieser Touren und tragen damit bis zu 200 Kilogramm Schwefel ins Tal. Wichtig ist, dass sie vor Anbruch der Dunkelheit unten angekommen sind: Dann schließt die Zahlstation, und alle Mühe wäre umsonst gewesen. Auf einer Zwischenetappe werden die Körbe gewogen, im Tal gibt es gegen den Beleg das Geld in bar. Für viele Javaner ist die Schwefelmine ein gutes Geschäft, auch wenn sie ihren Körper damit zugrunde richten: Wijaya verdient mit seinem Beruf dreimal so viel wie ein Reisbauer – umgerechnet rund 120 Euro im Monat.

Galileo
EXTREM
LUXURIÖS

Ein Wohnmobil für mehr als zwei Millionen Euro. Ein Hamburger für 5000 Dollar. Das teuerste Gewürz der Welt. Die Welt des Luxus ist verrückt, seltsam, oft dekadent, aber immer unterhaltsam. Galileo erzählt die Geschichten hinter den unglaublichsten Luxusgütern.

Die spektakulärsten Hotels der Welt

Doppelbett, Duschkabine und Frühstücksbüffet kann jeder. Aber wie wäre es mit einem Drink 200 Meter über der Stadt, einem Sterne-Dinner inmitten der kenianischen Wildnis oder einem Pool, in dem man direkt dem Himmel entgegenschwimmt? Möchte man so etwas erleben, muss man schon mehr tun als in einem Haus der nächstbesten Hotelkette zu übernachten. So etwas bieten nur die spektakulärsten Hotels der Welt.

MARINA BAY SANDS: drei Türme, 2500 Zimmer

Nur selten wird ein Hotel zum Wahrzeichen. Das Casino-Hotel Marina Bay Sands aber fällt in der asiatischen Fünf-Millionen-Metropole Singapur auf wie kein anderes Gebäude. Drei fast 200 Meter hohe Türme ragen in den Himmel, verbunden durch einen 340 Meter langen Dachgarten. Dabei stand der Bau des Marina Bay Sands unter keinem guten Stern: Ursprünglich war die Eröffnung für 2009 geplant. Dann ließ die Finanzkrise Investorengelder knapp werden. Doch schließlich konnte nichts das prestigeträchtige Projekt aufhalten. Angesichts der Ausstattung dieses Komplexes müsste jeder Betreiber eines Hotels in Las Vegas grün vor Neid werden: mehr als 2500 Hotelzimmer, ein gigantisches Spielcasino, ein

Einkaufszentrum, ein Museum und zwei Theatersäle. Sieben weltberühmte Köche haben hier Restaurants, insgesamt stehen 44 Restaurants zur Auswahl. Auf dem Dachgarten warten ein 146 Meter langer Pool, ein Club und ein Park. Die Unterkünfte reichen vom komfortablen Zimmer mit großem Bad bis zur 600 Quadratmeter großen Suite mit vier Schlafzimmern samt Balkonen und begehbaren Kleiderschränken, einem Konzertflügel, zwei Wohnzimmern, einem Fitnessstudio und eigener Bar.
www.marinabaysands.com

MARA BUSHTOPS: Luxus in der Wildnis

Am südlichen Rand Kenias, gleich angrenzend an das Naturschutzgebiet Masai Mara, leben Hotelgäste wie einst Bernhard Grzimek während seiner legendären Expeditionen in Afrika: mitten in der Natur, mit nur einem Zeltdach zwischen sich und der Wildnis. Einen – zugegebenermaßen entscheidenden – Unterschied gibt es allerdings doch. Während Pioniere wie Grzimek in kargen Unterkünften hausten, bietet das Mara Bushtops jeden erdenklichen Luxus. Die 100 Quadratmeter großen Unterkünfte verfügen über eine große Holzterrasse samt einem Jacuzzi. Von hier streift der Blick über die in unmittelbarer Nähe umherstreifenden Tiere, die sich durch ein auf der Terrasse installiertes Fernrohr noch genauer beobachten lassen. Sonnenenergie sorgt für Strom, ein naher Brunnen stellt sicher, dass in den Zelten nie heißes und kaltes Wasser ausgeht. Das dazugehörige Restaurant offeriert Spitzenküche mit regionalen Produkten, Gewürze und Gemüse werden im hoteleigenen Garten angebaut. Und obwohl die einzigartige Atmosphäre des Mara Bushtops allein schon tagesfüllend wäre, bringen verschiedene Safaris die Gäste mit dem Auto, im Heißluftballon oder zu Fuß auf Tuchfühlung mit der faszinierenden Tierwelt Kenias.

Freilich hat dieses Erlebnis seinen Preis: Etwa 1000 Euro pro Nacht sind schon die Untergrenze dessen, was für ein Zwei-Personen-Zelt fällig wird.

www.orion-hotels.net

> **DIE 100 QUADRATMETER GROSSEN UNTERKÜNFTE BIETEN EINE GROSSE HOLZTERRASSE SAMT EINEM JACUZZI**

ALILA ULUWATU: der unendliche Pool

Die Südküste der Insel Bali bietet mit ihren schroffen Klippen ein Naturschauspiel, dem man spontan applaudieren möchte. Hoch oben auf eben diesen Klippen befinden sich die Villen des exklusiven Resorts Alila Uluwatu. Mit einem oder drei Schlafzimmern ausgestattet sind sie so gebaut, dass vom Bett bis zur Badewanne stets die traumhafte Umgebung sichtbar bleibt. Die größeren Villen bieten zudem noch einen besonderen Clou: Jede verfügt über einen eigenen, an die Klippe angrenzenden Pool, der den Eindruck erweckt, man würde mit ihm geradewegs in den Himmel schwimmen. Der Preis für dieses Vergnügen: Für unter 550 Euro für ein Schlafzimmer oder 1700 Euro für drei Schlafzimmer wird kaum etwas zu machen sein.

www.alilahotels.com/uluwatu

JEDE VILLA VERFÜGT ÜBER EINEN EIGENEN AN DIE KLIPPE ANGRENZENDEN POOL

ICE HOTEL: Cooler wird's nicht

Weitab vom Schuss liegt das coolste Hotel Europas. Genauer gesagt: im schwedischen Jukkasjärvi, 200 Kilometer nördlich des Polarkreises. Gebaut wird es in jedem Jahr neu: Sowohl die Außenmauern als auch die Inneneinrichtung und die beleuchteten Skulpturen bestehen aus Eis. Bei Temperaturen von etwa minus fünf Grad schlafen Gäste in warmen Schlafsäcken auf Rentierfellen, die wiederum auf einem Eisblock liegen. Und abends gibt es an der Bar Wodka – natürlich aus Eisgläsern. Allerdings hat es auch seinen Preis, in einem so coolen Hotel zu übernachten: Mit weniger als etwa 650 Euro pro Nacht wird es schwierig, ein Doppelzimmer zu ergattern.

www.icehotel.com

BURJ AL ARAB: der Himmel über Dubai

Wenn auch der Burj Khalifa mit seinen 828 Metern Höhe den Burj Al Arab um 500 Meter überragt – das Hotel in dem segelförmigen Turm bleibt unverwechselbar und ein Wahrzeichen der Stadt. Häufig wird das Burj Al Arab als einziges Sieben-Sterne-Hotel der Welt beschrieben, was falsch ist, denn mehr als fünf Sterne werden nicht vergeben. Dennoch: Der Luxus, den dieses Haus bietet, geht weit über das hinaus, was für die höchste Kategorie vonnöten wäre. Die kleinsten Suiten – Zimmer gibt es nicht – haben eine Größe von 170 Quadratmetern auf zwei Etagen und bieten neben einer sensationellen Aussicht über Dubai eine Bar, einen Ankleideraum und ein Luxusbad samt Jacuzzi. Neun Restaurants, darunter das um ein gigantisches Meerwasseraquarium arrangierte Al Mahara, servieren internationale Spitzenküche, in der Skyview Bar gibt es 200 Meter über Dubai erstklassige Cocktails mit ebensolcher Aussicht. Der Transfer vom und zum Flughafen kann auf Wunsch in einem Rolls-Royce erfolgen. Dass selbst in den heißen Sommermonaten hier eine Suite nicht unter 1100 Euro pro Nacht kostet, verwundert ob der Ausstattung nicht.

www.jumeirah.com

HIER GIBT ES KEINE ZIMMER – NUR SUITEN AB 170 QUADRATMETERN AUF ZWEI ETAGEN

EXTREM LUXURIÖS

ATLANTIS BAHAMAS: übernachten im Paradies

Die Inselgruppe der Bahamas verfügt über einige der schönsten Strände weltweit – und hoch über diesen Stränden sowie der Stadt Nassau thront das riesige Resort Atlantis. Die Unterkünfte erstrecken sich vom 28 Quadratmeter großen Zimmer mit relativ herkömmlicher Einrichtung bis hin zur 125-Quadratmeter-Suite samt 80 Quadratmeter großem Balkon und eigenem Konzertflügel. Die spektakuläre Aussicht auf den Atlantischen Ozean haben jedoch alle Zimmer gemein. In neun Nobelrestaurants und zehn weiteren Restaurants ohne Anzugpflicht wird nahezu jede Spezialität der Welt aufgetischt. In den Lagunen rings um das Hotel tummeln sich Delphine, Stachelrochen und andere Vertreter der karibischen Meereswelt, im resort-eigenen Yachthafen liegen wahre Wunderwerke des modernen Schiffbaus. Der Preis für eine Übernachtung im Paradies: ab knapp unter 400 Euro, wobei man locker auch das Zehnfache ausgeben kann.

www.atlantis.com

DIE HERRLICHE AUSSICHT AUF DEN ATLANTISCHEN OZEAN HABEN ALLE ZIMMER GEMEIN

LEBUA AT STATE TOWER:
himmlische Drinks

Eine Dachterrasse hätte wohl fast jeder gern, zudem noch eine mit eigener Bar. Und nun stelle man sich weiter vor, diese würde sich im 63. Stockwerk befinden und sensationelle Ausblicke über Bangkok ermöglichen. Das Luxushotel Lebua at State Tower in der thailändischen Hauptstadt bietet auch darüber hinaus jede erdenkliche Annehmlichkeit. Unbestrittenes Highlight jedoch ist die höchste Freiluftbar der Welt, die abends in einer Vielzahl von Farben beleuchtet wird.

www.lebua.com

EMIRATES PALACE:
leben wie ein Scheich

Was Dubai kann, kann Abu Dhabi schon lange. Dies wird man sich im arabischen Emirat gedacht haben, als der Nachbar das Luxushotel Burj Al Arab fertiggestellt hatte. Also hielt Abu Dhabi dagegen und baute ein Hotel, das den Namen Hotel schon gar nicht mehr trägt, sondern gleich Palast heißt. Seine 302 Zimmer und 96 Suiten verfügen alle über einen 24-stündigen Butlerservice, einen Balkon, eine extragroße Badewanne und jeden anderen erdenklichen Komfort. Gleich zehn Restaurants bieten internationale Spitzenküche, die etwa 1500 Mitarbeiter aus mehr als 50 Ländern sehen alle aus, als könnten sie auch erfolgreiche Modelkarrieren einschlagen. Und wer sich an dem luxuriösen Interieur des Hotels sattgesehen hat, staunt am hoteleigenen Strand einfach weiter über das blaue Wasser des Arabischen Golfs. Angesichts des überbordenden Luxus ist es schon verwunderlich, dass man ein Doppelzimmer im Sommer und mit Frühbucherrabatt schon für wenig mehr als 200 Euro pro Nacht bekommen kann.

www.kempinski.com/
de/abudhabi

PURER LUXUS

Eine Uhr für eine Million Euro, eine Flasche Champagner für 1,5 Millionen oder gleich eine eigene Insel für sechs Millionen – selbst wer Geld im Überfluss hat, findet überall Gelegenheiten, es auszugeben. Mal ist das Geld durchaus sinnvoll angelegt, anderswo einfach nur zum Fenster rausgeworfen. Eine Reise in die Welt des puren Luxus.

200 Euro/kg

Kopi Luwak: Gut ist, was hinten rauskommt

Der teuerste Kaffee der Welt wurde schon einmal gefressen: Auf den indonesischen Inseln Sumatra, Java und Sulawesi lebt der wilde Fleckenmusang, eine Schleichkatzenart. Wie Katzenartige nun einmal so sind, hat auch er bestimmte Vorlieben, was Nahrung betrifft, und zu denen gehören die Früchte der Kaffeepflanze. Das Fruchtfleisch wird restlos verdaut, die Kaffeebohne indes scheidet das Tier wieder unversehrt aus. Und aus dieser Bohne, die durch die Enzyme des Darms ein besonders kräftiges Aroma verliehen bekommt, entsteht nun ein Kaffee, für den Liebhaber um die 200 Euro pro Kilogramm bezahlen. Eine weitere Eigenart der Katzen macht es den Herstellern übrigens leicht, die ausgeschiedenen Bohnen zu finden: Auch der Fleckenmusang verrichtet sein Geschäft immer wieder an einem angestammten Platz.

Nesmuk SOUL

bis zu
5000
Euro

Das Luxusmesser

Das schärfste Messer der Welt kommt von Lars Scheidler aus Deutschland. Es besitzt eine Klinge aus Damaszener Stahl und einen Griff aus jahrtausendealter Mooreiche, die seit rund 5000 Jahren unter dem Sand und Schlamm der norddeutschen Tiefebene lag. Für die Klinge werden mehrere Hundert Schichten Messing, Stahl und Eisen bei einer Temperatur von 1100 Grad Celsius verschmolzen und immer wieder mit einem Hammer bearbeitet. Dies führt dazu, dass der Stahl besonders stabil wird, und erzeugt die für Damaszener Stahl typische, immer wieder anders ausfallende Maserung. Eine zusätzlich eingearbeitete Lage Rasiermesserstahl sorgt für die enorme Schärfe der Klinge: So kann dieses Messer eine Tomate sauber zerteilen – ohne Druck, sondern einfach nur, indem man sie auf die Klinge gleiten lässt. Bis zu 5000 Euro werden für ein herkömmliches Messer aus Scheidlers Schmiede fällig, Sonderanfertigungen können noch um ein Vielfaches teurer sein.

1 Mio.
Dollar

Hublot Black Caviar: die Eine-Million-Dollar-Uhr

Jean-Claude Biver ist Präsident des Schweizer Luxusuhren-Herstellers Hublot. Jeden Tag ist er damit beschäftigt, seine edlen Zeitmesser noch weiter zu verfeinern. Sein bisher größter Wurf: eine Uhr, die derart dicht mit Diamanten besetzt ist, dass man das eigentliche Gehäuse aus Weißgold nicht mehr sehen kann. 544 kleine, lupenrein weiße Diamanten sind hierfür nötig, jeder wird speziell für die Uhr geschliffen und schwarz gefärbt. Übrigens: Sonderfunktionen sucht man bei der Black Caviar vergebens. Dieser Edel-Chronometer zeigt die Zeit an – mehr nicht. Immerhin läuft er, einmal aufgezogen, fünf Tage am Stück.

bis zu 30 000 Dollar

Luxus für den besten Freund

Wer schon alles hat, hat sicher auch einen Hund. Darum, dass der Hund einen ähnlichen Luxus genießen kann wie Herrchen und Frauchen, kümmert sich die Firma La Petite Maison in den USA. Ihre Hundehütten sind aus feinsten Materialien gefertigt. Jede wird nach den Wünschen des Kunden maßangefertigt, wobei die Hütte je nach Vorliebe nach dem Vorbild einer viktorianischen Villa, eines Schweizer Chalets, eines französischen Schlosses oder anderer Prachtbauten konstruiert wird. Der Eingang wird mit Blumenkübeln verziert, und auch die Innenausstattung lässt keine Wünsche offen: Von aufwendiger Dekoration bis zu bequemen Liegesesseln ist alles dabei. Preis für Wauwaus edles Heim: ab 5500 Dollar. Wer möchte, kann aber auch 30 000 Dollar oder mehr ausgeben.

Ein hölzernes Fahrgefühl

Ein Fahrrad aus Holz: Schnell denkt man da an das altbekannte Kinder-Laufrad. Doch Fahrrad-Designer Marcus Wallmeyer findet, Holz sei das ideale Material auch für die Rahmen großer Fahrräder: »Die besten Snowboards und Ski sind aus Holz. Warum sollte man also die Eigenschaften von Holz nicht auch im Rahmen-bau nutzen?« Seine Rahmen aus mehreren Lagen Rotbuche haben einen großen Vorteil: Das Holz ist leicht flexibel und federt so Unebenheiten in der Fahrbahn ab, sodass das Fahren auf einem solchen Rad besonders komfortabel ist. Auch sonst ist am »Waldmeister«-Rad nichts von der Stange: Was nicht aus Holz ist, wird aus Hightech-Materialien wie Karbon und Titan gefertigt. Der Preis dieses luxuriösen Rades: 12 900 Euro.

12 900 Euro

Ultrasone Edition 10: für heiße Ohren

In Zeiten, in denen plärrende Ohrstöpsel für 20 Euro als Kopfhörer bezeichnet werde, wirkt dieses Modell fast wie aus einer anderen Ära. Ist es aber nicht: Für 2000 Euro kann man heute die Edition 10 des Herstellers Ultrasone aus der oberbayerischen Gemeinde Wielenbach erstehen – sofern man nicht zu lange überlegt, denn der edle Kopfhörer ist auf 2010 Exemplare limitiert. Das handgefertigte Modell besitzt Ohr- und Bügelpolster aus äthiopischem Langhaar-Schafs eder, die Kapseln sind mit dem tropischen Edelholz Zebrano verkleidet. Auch sonst sucht man Kompromisse vergebens: Die Wandler sind titanbeschichtet, und geliefert wird die Edition 10 samt Transportkoffer und Ständer aus Holz. Allerdings ist das Wichtigste bei einem Kopfhörer immer noch der Klang – doch auch der ist über jeden Zweifel erhaben.

2000 Euro

100 000 Euro

Deutschlands teuerstes E-Bike

Ein E-Bike, also ein durch einen Elektromotor angetriebenes Fahrrad, für 100 000 Euro – das bietet die Firma PG Trade & Sales in Regensburg tatsächlich an. Für das Geld bekommt man allerdings auch ein Rad, das nichts mit herkömmlichen E-Bikes zu tun hat: Der Rahmen des Blacktrail 2 ist komplett aus Karbon und Titan gefertigt, Gabel und Hinterbau ebenso. Diese enorm stabilen, aber leichten Materialien machen es möglich, dass das Bike »nur« 46 Kilo wiegt. Denn der Motor, der drinsteckt, hat es in sich, genau wie die Akkus: Das »Blacktrail 2« kommt auf eine Höchstgeschwindigkeit von 100 Stundenkilometern, die es nach nur fünf Sekunden erreicht. Selbst bei Tempo 100 hält der Akku etwa 100 Kilometer weit durch, bei Tempo 50 sind es sogar 200 Kilometer. Etwas Vergleichbares gibt es auf der Welt nicht. Da sich so etwas kaum jemand leisten kann, ist das Luxus-E-Bike auch auf 667 Exemplare limitiert.

Ein Leatherman als Unikat

Adrian Pallarols ist Goldschmied, seine Werkstatt in Buenos Aires. Eheringe oder Diademe herzustellen ist dem 41-Jährigen jedoch zu langweilig. Lieber baut er Luxuswerkzeuge. Sein Meisterstück ist ein Leatherman für nicht weniger als 30 000 Euro: Das Multifunktions-Tool kostet im ursprünglichen Zustand etwa 120 Euro. Pallarols stattet es mit neuen Griffschalen aus, die aus 160 Gramm 18-karätigem Andengold hergestellt werden. Damit ist es allerdings nicht getan: Der Goldschmied verziert die goldenen Griffschalen noch mit Mustern, die er speziell auf die Wünsche seiner Kunden anpasst. So kann jeder, der einen Pallarols-Leatherman ersteht, ein Werkzeug erhalten, das es weltweit kein zweites Mal gibt. Zu Adrian Pallarols' Kunden gehören übrigens Hollywoodstar Antonio Banderas, der spanische König Juan Carlos, Fußballlegende Diego Maradona und der emeritierte Papst Benedikt XVI., Joseph Ratzinger.

30 000 Euro

Der Vater aller Kühlschränke

Der Kühlschrank La Combúsa der italienischen Firma Meneghini ist nicht groß, sondern riesig. Hinter den mehr als mannshohen Türen verbirgt sich, was der Kunde wünscht: Das Innere kann nach Belieben in Kühl- oder Gefrierraum oder Platz für Eiszubereiter, Herd, Geschirrschrank oder Vorratskammer aufgeteilt werden. Die hölzerne Verkleidung ist in mehr als 500 Farben lieferbar. Je nach Ausstattung kostet der Kühlschrank schnell mehr als 30 000 Euro.

Ein Taschenmesser wie kein anderes

Im Bergdorf Pattada auf Sardinien stellt Antonio Fogarizzu Taschenmesser der Superlative her. Jede Klinge ist ein Einzelstück: Das Muster im Stahl ist handgemacht und fällt bei jedem Exemplar etwas anders aus. Hierfür wird ein Rohling immer wieder erhitzt, geschmiedet, auseinandergeschnitten und neu zusammengesetzt. Drei Tage dauert das. Auch bei der Verzierung für den Griff ist alles Handarbeit. Einen Tag ist der Meister allein mit dem Zurechtschneiden und Einsetzen der Perlmutteinlagen beschäftigt. Das Ergebnis: rasiermesserscharf. Zum Abschluss wird das Messer noch mit Diamantpaste auf Hochglanz poliert. 50 Messer schafft Fogarizzu pro Jahr. Der Preis für ein Messer: bis zu 3000 Euro.

Das 57-Prozent-Bier

Braumeister Georg Tscheuschner aus dem bayerischen Gunzenhausen hat sein Ziel erreicht: Er braut das stärkste Bier der Welt. 57 Prozent Alkohol enthält das Bockbier – etwa zwölfmal so viel wie ein normales Pils; das zeigt sich auch beim Preis: 200 Euro kostet eine Flasche. Trotzdem, und dies war für Tscheuschner Voraussetzung, erfolgt die Herstellung nach den Richtlinien des deutschen Reinheitsgebots. Den enormen Wert erreicht er, indem er Bockbier auf minus 60 Grad kühlt und dann die Eiskristalle abschöpft. So erhält er einen sehr aromatischen Eisbock mit extrem hohem Alkoholgehalt. Entsprechend schmeckt das Bier zwar stark, aber dennoch weich und bekömmlich. Nur Auto fahren sollte man schon nach dem ersten kleinen Gläschen nicht mehr.

48 500
Euro

Kickern mit Stil

Kickertische riechen förmlich nach altem Rauch oder frischem Bier. Meistens beides. Gekickert wird schließlich am liebsten in Kneipen. Oder in Jugendzentren. Da allerdings hat das tolle Ding von 11 Games keinen Platz. Gegen dieses aalglatt-formschöne Stadion fürs Wohnzimmer sind alle anderen Kickertische quasi Grandplatz. Guckt man von unten, sieht es aus wie eine puristische Keramikschüssel. Serienmäßig ist es außen schwarz und innen weiß, schmeichelzart weich. Seine Figuren sind eins mit der Stange, vollverchromt, jede mit einer Nummer versehen. Der Strafraum ist beleuchtet, wenn ein Tor fällt, erhellt sich das Gehäuse – und schummeln geht nicht mehr, denn Leuchtdioden zeigen die Anzahl der Treffer an, und die lässt sich nicht manipulieren. Entworfen hat es das Team der Designerschmiede Gro aus Eindhoven in den Niederlanden. 11 – The Beautiful Game wurde 2008 auf der Mailänder Möbelmesse vorgestellt und sieht noch immer futuristischer aus, als es die Stadien in Qatar je werden. Es ist quasi das Juventus-Stadion unter den Kickertischen. Hat aber auch seinen Preis: In der Standardausführung kostet es 48 500 Euro, nach oben ist die Grenze offen. Denn 11 – The Beautiful Game ist für alle Sonderwünsche offen. Am besten beleuchtet man es mit einem Spot. Man kann darauf auch kein Bier abstellen, nicht mal eine Champagnerflöte. Und wer es bestellt, muss zwölf Wochen auf die Lieferung warten, weil es in Handarbeit hergestellt wird. Dafür kommt's auch nicht schnöde per Post, sondern wird persönlich vorbeigebracht und aufgestellt. Kein Kickertisch. Ein Heiligtum!

280 000 Dollar

Terrafugia TF-X: Straßen sind so was von 2012

Von Hamburg nach München mit dem Auto in zwei Stunden? Klingt wie eine Idee aus einem Science-Fiction-Film, könnte aber tatsächlich heute schon funktionieren. Das Gefährt, das sowohl auf Autobahnen rollen als auch in die Luft abheben kann, wird nämlich schon längst entwickelt und soll 2015 an die ersten Kunden ausgeliefert werden, die schon vor Jahren vorbestellt haben und immer wieder vertröstet werden. Dass Terrafugia, die US-amerikanische Firma, keine unrealistischen Visionen hat, haben die Konstrukteure schon mit ihrem Modell »Transition« bewiesen. Während das aber noch eine Startbahn zum Abheben braucht, soll das TF-X quasi vom Parkplatz aus losfliegen. Senkrechtstart und -landung sind durch einen Kipprotor möglich. Für die Straßennutzung wird es mit Hybrid-Antrieb ausgestattet. Eine elektrische Flugsteuerung soll das 280 000-Dollar-Wunder für jeden relativ unkompliziert nutzbar und eine Strecke von etwa 800 Kilometern ohne Zwischenlandung möglich machen. Und die Amerikaner sind nicht die Einzigen, die daran tüfteln. Auch das niederländische Unternehmen PAL-V steht in den Startlöchern mit seinem Flugauto. Das wird wohl ein Kopf-an-Kopf-Rennen um den Markt.

5000 Dollar

FleurBurger: 5000 Dollar für einen Hamburger

Sich im Spielerparadies Las Vegas aufzuhalten ist in der Regel nicht sehr teuer. Die Hotels vermieten ihre Zimmer verhältnismäßig günstig und erzielen ihre Einnahmen vor allem durch das Glücksspiel. Wer mag, kann aber dennoch tief in die Tasche greifen. Das Restaurant Fleur im Hotel Mandalay Bay bietet den teuersten Burger der Welt an. 5000 Dollar werden fällig, dafür steht dann aber ein Hamburger mit Kobe-Rind, Foie gras und Trüffelsoße vor einem, serviert in einer Trüffel-Brioche und flankiert von gehobelter, genau, Trüffel. Im Preis inbegriffen ist übrigens eine Flache Wein von dem edlen Weingut Château Petrus in Bordeaux, die allein bereits 2500 Dollar kostet. Und eine etwaige Begleitung bekommt ihren Burger sogar gratis.

2 Mio.
Euro

The Diamond Bathtub: ein Bad im Luxus

Nicht nur sauber, sondern glänzend rein werden Babys im Diamond Bathtub der Designerin Lori Gardner aus Kalifornien. Die Minibadewanne glitzert von außen wie eine Diskokugel. Etwa 45 000 Swarovski-Kristalle werden in aufwendiger Feinarbeit auf die klassische Badewanne aufgebracht. Wenn der Nachwuchs aus der Wanne herausgewachsen ist, kann man sie auch als Champagnerkühler verwenden. Irgendetwas sollte einem jedenfalls einfallen, um den Preis von 5000 Dollar zu relativieren.

Marchi eleMMent Palazzo: luxuriös unterwegs

Ein Wohnmobil aufzurüsten ist nicht schwierig – vorausgesetzt, man kann es sich leisten. Arbeitsflächen aus Granit, Flachbildfernseher, Surround-Sound – für alles gibt es Lösungen. Was aber, wenn man mehr will, viel mehr? Dann kommt man nicht um das Wohnmobil des österreichischen Herstellers Marchi vorbei. Seine Passagiere empfängt es über eine ausfahrbare Gangway, wie man sie von Privatflugzeugen kennt. Drinnen wartet kein Gelsenkirchener Barock, sondern modernes Design vom Feinsten. Im Cockpit sitzt man wie ein Raumschiffkommandant, Wohn- und Schlafbereiche sowie sogar die Dusche sind extrem geräumig, selbst ein funktionierender Kamin fehlt nicht. Der Knüller jedoch: Auf Knopfdruck fährt das hintere Dach hoch und gibt so eine 20 Quadratmeter große Dachterrasse samt Bar frei. Sicher, mehr als zwei Millionen Euro für ein Wohnmobil sind kein Pappenstiel, aber eine fahrende Bar – wer träumt nicht davon?

5000
Dollar

Ein Gokart von Porsche

etwa 700 Euro

Früh übt sich: Schon Fünfjährige können Porsche fahren. 150 Zentimeter ist der Porsche-Gokart lang, 25 Kilo schwer. Mit Sportsitz, Rücktritt- und Handbremse und Sportlenkrad. Enttäuscht sollte der Nachwuchs aber nicht sein, dass er mit diesem Gokart nicht unbedingt schneller ist als seine Kumpels auf ihren Kettcars. Neben dem Rahmen aus Stahl verarbeiteten die Porsche-Ingenieure massig Kunststoff, auch für die Felgen. Dass der Preis von etwa 700 Euro sich im Rennen positiv auswirkt, ist also unwahrscheinlich. Da kommt es auf die Muskeln des Besitzers an. Aber wenn er dann doch verliert, kann er sich immerhin über das Design freuen.

13 000 Euro

AGA iTotal Control: Luxusherd mit Fernbedienung

Seit mehr als 80 Jahren steht die Firma AGA für Herde der Luxusklasse. Zu den stolze Besitzern zählen Prinz William, Schauspielerin Kate Winslet und Fußballstar Cristiano Ronaldo. Herde von AGA sind einfach zu bedienen, extrem langlebig, bildschön – und wahre Energiefresser, denn sie haben keinen Ein- und Ausschalter, sondern werden ständig mit Kohle, Öl oder Gas befeuert. Neuerdings gibt es jedoch auch einen mit Strom betriebenen AGA – und der bietet Kochvergnügen pur. Er verfügt über drei verschiedene Öfen: einen zum Braten, einen zum Schmoren und einen zum Backen. Gesteuert wird der Ofen über ein Touchscreen-Bedienfeld oder – und das ist der Clou – mittels einer App vom iPhone oder Android-Handy aus. Der Komfort hat natürlich seinen Preis: 13 000 Euro werden für ein Exemplar fällig.

1 Mio. Dollar

Extreme 19th: eine Million Dollar für den perfekten Schlag

Golfer wissen, was das 19. Loch ist: das Clubhaus, in dem man sich nach einer Runde auf dem Platz einen Drink gönnt. Auf dem Golfplatz Legend Golf & Safari Resort in Südafrika allerdings gibt es tatsächlich ein 19. Loch. Der Abschlag befindet sich auf dem Gipfel eines Berges. Von hier aus muss der Ball 430 Meter in die Tiefe und 360 Meter horizontal zum Loch geschlagen werden. Wer es probieren möchte, muss tief in die Tasche greifen: Mehr als 500 Euro kostet der Versuch, inbegriffen ist der Helikopterflug zum Abschlag. Die Investition könnte sich aber lohnen, denn wer mit einem Schlag einlocht, wird mit einer knappen Million Euro belohnt. Allerdings ist dies noch niemandem geglückt.

5,2 Mio.
Euro

»Orsos Island«: die eigene Privatinsel

Eine private Insel ist eine feine Sache, hat allerdings auch einen Nachteil: Sie bleibt, wo sie ist. Anders die schwimmende Privatinsel Orsos Island. Die ist mit rund 1000 Quadratmetern Wohnfläche auf drei Decks kleiner als die meisten herkömmlichen Privatinseln, dafür aber fertig bebaut und eingerichtet. Zwölf Bewohner und eine vierköpfige Besatzung finden auf ihr Platz. Dank Solarzellen und Windgeneratoren ist sie unabhängig von externer Stromversorgung. Eine Meerwasseraufbereitungsanlage sorgt für ausreichendes Trinkwasser, Abwasser wird gefiltert und sauber zurück ins Meer geleitet. Doch bei aller Vernunft und Umweltfreundlichkeit kommt auch der Luxus nicht zu kurz: Die großen Außendecks verfügen über bequeme Lounge-Bereiche und einen Whirlpool, innen warten eine Bar, ein Essbereich und ein großer Raum, der als Party- oder Kinosaal genutzt werden kann. Einen eigenen Antrieb hat die Insel nicht, fortbewegen lässt sie sich trotzdem – per Frachtschiff oder mit Schleppern.

Ein Sessel für Superschurken

»Das wird das Highlight Ihrer Wohnung«, verspricht die Werbung. Und das ist wahrscheinlich nicht gelogen. Schließlich ist der 10 000-Euro-Sessel riesengroß: 90 mal 90 mal 120 Zentimeter. Besonders empfehlenswert ist er für alle, die vor dem Spiegel immer ganz nervös werden ob ihrer Fettpölsterchen. Die fallen in so einem Sessel gar nicht auf – darin wirkt jeder zierlich oder gar wie geschrumpft. Andererseits: Er macht auch gleich unmissverständlich klar, wer hier der Chef ist. Der Villain-Chair wirkt nämlich wie gemacht für die Weltherrschaft. Oder mindestens für Filme darüber. Auf dem glänzenden Leder machen sich Schurken besonders gut. Die demonstrieren damit qua Stuhl ihren messerscharfen Verstand und berechnenden Charakter. Leder, Chrom, Stahl, Aluminium – das sind die Stoffe, aus dem dieser Traum gebaut wurde. Ein Vorbild hat er natürlich auch: Ernst Stavro Blofelds Drehstuhl aus *James Bond 007 – Man lebt nur zweimal.* Wenn dem so sein sollte, wäre das kantig schmeichelnde Prachtstück ja eine lohnende Investition. Dann fehlt nur noch die passende weiße Perserkatze für den Schoß.

Hamann Soltador: Heavy Rider

Motorräder von Harley-Davidson gelten als teuer. Tatsächlich bekommt man eine fabrikneue Maschine aber schon ab 8500 Euro. Wirklich teuer geht anders. Nämlich so: eine martialische Optik, die auch Batman gefallen würde, 160 PS und dazu die breitesten Reifen, die sich finden lassen. Die Firma Hamann, eigentlich als Tuning-Werkstatt für Autos bekannt, machte bei ihrem ersten selbst entworfenen Motorrad keine halben Sachen. Den Rahmen und die meisten Teile entwickelten sie selbst, Motor und Sechs-Gang-Getriebe kommen von Harley-Davidson. Die Lackierung zieren Abbilder diverser popkultureller Ikonen wie der rauchende James Dean vor seinem Porsche-Sportwagen. Auch die Leistung des Boliden stimmt: Eine Beschleunigung aus dem Stand auf 100 Sachen in 3,3 Sekunden spricht eine klare Sprache. Das darf man für 120 000 Euro allerdings auch erwarten.

Project Utopia: das Versteck für Milliardäre

Man stelle sich einmal vor, man hätte da eine Vision von einem neuen Staat und unfassbar viel Geld – dann bräuchte man ja nur noch einen Platz, um sein neues Land zu gründen. Dieser läge mitten auf dem Meer und könnte stets den Ort wechseln, wenn es brenzlig oder für den eigenen Geschmack zu kalt würde. Was der neue Staatengründer dann braucht, ist schon erfunden: Project Utopia heißt es und ist eine mobile Insel, die so aussieht, als würde sie schon in Dubai vor Anker liegen. Tatsächlich existiert sie bislang aber nur auf dem Papier. Project Utopia hat einen dicken Stamm und vier weitere Füße, die dafür sorgen, dass die Insel nicht kippen und gut durchs Wasser pflügen kann. Mit elf Stockwerken und einem Durchmesser von 100 Metern bietet sie reichlich Platz. An ihren Beinen sind ausklappbare Strände geplant. Ganz oben, über dem elften Stock, liegt das Panoramadeck auf 65 Metern Seehöhe, das einen 360-Grad-Rundumblick ermöglicht, mit einem künstlichen Strand und beheizbaren Pools. Sollte es draußen zu heiß sein, macht das nichts – innen ist alles voll klimatisiert. Wie bei jedem Luxus-Kreuzfahrtschiff könnten Geschäfte, Restaurants, Bars, Nachtclubs oder ein Casino eingebaut werden. Wenn man sich das Ganze auf den Entwürfen anschaut, kommen einem schon ein paar Ideen, wie das Leben darauf aussehen könnte. Über die Kosten schweigen sich die Designer bislang aus. Um eine kleine Vorstellung zu haben, wie viel man auf dem Konto haben müsste: Das Kreuzfahrtschiff *Queen Mary 2* verschlang etwa 870 Millionen Euro an Baukosten.

Champagnerkühler für 6000 Euro

Den Preisen für eine wirklich gute Flasche Champagner sind nach oben keine Grenzen gesetzt – und denen für die dazugehörigen Kühler anscheinend auch nicht. David Armstrong-Jones, Viscount Linley, Neffe von Königin Elisabeth II., zurzeit Nummer 15 der englischen Thronfolge und fernerhin als David Linley ein bekannter Möbeldesigner, erschuf daher den standesgemäßen Champagnerkühler: Er wird aus massivem Silber handgefertigt und geht für etwa 6000 Euro in den Besitz des Käufers über. Freilich lässt sich darin auch Weißwein oder Sekt kühlen, aber das wäre nun wirklich ein Frevel.

6000 Euro

1000 Dollar

Der 1000-Dollar-Eisbecher

Das teuerste Eis am Stiel der Welt kostet 700 Dollar und ist ein gefrorener Schluck des wiederum teuersten Tequilas der Welt, gespickt mit ein paar Goldflocken. Aber das ist noch gar nichts gegen den Eisbecher namens Golden Opulent Sundae im New Yorker Restaurant Serendipity 3. Gerade mal drei Kugeln Eis bekommen die Gäste, wenn sie das 1000-Dollar-Dessert bestellen. Spontan entscheiden ist aber nicht drin. Dieser Nachtisch muss vorbestellt werden, damit die Vanilleschote aus Tahiti, der Schokosirup von geschmolzener Amedei Porcelana, kandierte Früchte aus Paris und der Grand Passion Caviar auch rechtzeitig zur Hand sind. Über all das kommt noch eine Prise Blattgold. Was aber die meiste Zeit bei der Fertigung beansprucht, ist nicht das Eis selbst, sondern die Blumendeko aus Zucker: 18 Stunden dauert es, bis sie standesgemäß aussieht. Bei so viel Dekadenz läuft es einem kalt den Rücken runter.

1 Mio.
Dollar

Ein Staubsauger für eine knappe Million

Er sieht aus wie ein alter Kobold-Staubsauger von Vorwerk. Und wer bislang dachte, dass die Wuppertaler Firma teuer ist, der hat den GV62711 von GoVacuum noch nicht gesehen. Der kostet eine Million US-Dollar. Wahrscheinlich sind die Käufer nicht nur reich, sondern auch putzsüchtig und legen, wenn die Putzfrau gegangen ist, noch einmal richtig los. Oder darf sie etwa das Edelteil benutzen, das rundum mit 24 Karat Gold belegt wurde? Der Staubbeutel ist standardmäßig grün – die Farbe der Wiedergeburt und Erneuerung, wie die Werbung erklärt. Wer möchte, kann auch auf Schlangen- oder Krokodilleder bestehen. Machbar ist alles. Aber nur 100 Mal. Ist schließlich ein Staubsauger für eine Elite.

5000
Euro

USB-Sticks für Millionäre

20 Euro. Mehr muss man für einen vernünftigen USB-Stick mit 32 Gigabyte Speicher nicht ausgeben. Allerdings kann man. Das MJ Art Studio im ukrainischen Odessa erhebt die kleinen Datenspeicher zum Luxusartikel. Dort bekommt man USB-Sticks aus Gold und Krokodilleder, mit Diamanten besetzt, mit dem Reißzahn eines Tigers verziert und jede andere Variante. Die Sticks sind Einzelstücke, handgefertigt nach den Wünschen der multimillionenschweren Kunden. Entsprechend sind natürlich die Preise der kleinen Speicher: Wer nicht mindestens 5000 Euro auszugeben bereit ist, muss gar nicht erst anfragen.

70 000
Euro

DeLorean: Kultauto mit Elektromotor

Was für ein Auto! Kantig, windschnittig, mit Flügeltüren. Der DeLorean DMC-12 war in den 1980er-Jahren ein Hauptdarsteller auf den Kinoleinwänden weltweit. In *Zurück in die Zukunft* verhalf er Marty McFly und Doc Brown zu Zeitreisen. Dabei war der DMC-12 damals schon ein Relikt aus vergangenen Zeiten. Nur etwa 8600 wurden gebaut, bis Erfinder John DeLorean seine Firma 1982 schließen musste. Nun kommt er wieder auf die Straßen, als Elektroauto. Der Initiator des Projekts, Stephen Wynne, ist ein gebürtiger Liverpooler, der in die USA auswanderte und sich schon vor 30 Jahren auf die Reparatur des Kultautos spezialisierte. Äußerlich sieht der DeLorean aus wie damals, aber statt Kassettenradio hat er eine Buchse für das iPhone, die Gangschaltung wurde curch Tippschalter am Lenkrad ersetzt, und die Flügeltüren funktionieren ebenfalls auf Knopfdruck. Der Elektromotor hat etwa 260 PS und sorgt für eine satte Beschleunigung bis etwa 193 km/h. In fünf Sekunden ist er auf 100. Kein Rennauto, aber stilvoll umweltfreundlich. Als Zeitmaschine taugt das 70 000 Euro teure Gerät indes nicht.

Snolo Stealth-X: Schlittenfahren für Große

Von der Seite sieht dieses Gefährt aus wie ein Starfighter. Von oben erkennt man dann, wozu es wirklich gemacht ist: zum Schlittenfahren. Gerade mal neun Kilo wiegt der futuristische Rennrodel, der wie ein Monoski mit Sitz wirkt. Es ist eine bewegliche Vorderkufe mit darauf befestigtem Trittbrett, die dafür sorgt, dass selbst blutige Anfänger imposant über jede Piste gleiten. Großartig mit den Füßen im Schnee herumstochern muss man da auch in scharfen Kurven nicht, weder auf harter Piste noch im Pulverschnee. Einfach das Gewicht zu verlagern genügt. Das macht Laune – und anständig Tempo. Mühevoll den Berg hochzuziehen braucht man den Snolo Stealth-X aus Karbon natürlich auch nicht. Zusammengeklappt schmiegt er sich an den Körper wie ein guter Rucksack. Für kleine Jungs ist er allerdings nicht gemacht. Erstens wegen seiner zusammengeklappten Länge von 85 Zentimetern. Zweitens sind 65 Stundenkilometer ein Klacks für diesen Rodelschlitten. Ohne Helm fahren wäre da ein grober Fehler. Wer allerdings die etwa 2500 Euro für den Schlitten der neuseeländischen Firma Snolo Sleds Ltd. übrig hat, bei dem wird's wohl auch noch für einen anständigen Helm reichen.

2500 Euro

Dartz Prombron: SUV für Sicherheitsfanatiker

Die Abkürzung »SUV« steht für »Sport Utility Vehicle«, auf Deutsch »Sport- und Nutzfahrzeug«. Angesichts der Käufergruppe werden sie allerdings oft abfällig als »Surburban Vehicle« bezeichnet, also »Vorstadtfahrzeug«. In deutschen Großstädten sieht man Vertreter dieser Fahrzeugklasse oft in reicheren Stadtteilen und weiß: Diese Autos werden niemals die staubigen Sandpisten sehen, für die sie gemacht wurden. Das SUV Prombron des lettischen Herstellers Dartz dagegen schreit danach, quer durch ein Krisengebiet gefahren zu werden, Waffenbeschuss inklusive. Denn es ist von Grund auf gepanzert; sieben Zentimeter dicker Panzerstahl hält mühelos Gewehrfeuer stand. Auf Wunsch kann die Panzerung auch so weit verstärkt werden, dass sie Beschuss durch Granatwerfer oder die Fahrt über Landminen aushält. Das Spitzenmodell Red Diamond Edition kostet zwar stolze 1,6 Millionen Euro. Der Zielgruppe – Scheichs und russischen Oligarchen – wird ihre Sicherheit sicherlich so viel wert sein.

1,6 Mio. Euro

700 Euro

Der High-Tech-Flachmann

Karbonfasern finden in Fahrradrahmen, Flugzeug-rümpfen und Formel-1-Autos Verwendung. Man kann auch Flachmänner daraus herstellen, wie es die Whisky-Destillerie Macallan getan hat. Das Ergebnis: ein Behälter, so robust, dass man ihn mit auf den Mount Everest nehmen könnte, um auf den Aufstieg anzustoßen. Was man nicht tun sollte, schließlich muss man wieder hinunter. 700 Euro kostete der Flachmann, die 100 Exemplare sind vergriffen.

540 000 Euro

Saphire für das iPad mini

Ein iPad mini kostet je nach Ausstattung 330 bis 660 Euro. Eine vernünftige Schutzhülle für das Gerät be-kommt man für etwa 30 Euro. Oder für 540 000 Euro, ganz wie gewünscht. Die Hülle der amerikanischen Luxusschmiede The Natural Sapphire Company besteht aus 18-karätigem Weißgold, das mit 3328 Saphiren be-setzt ist. Das Apple-Logo wird aus 50 rundgeschliffenen Diamanten nachgebildet. Schön für alle, die nicht eine halbe Million Euro auf einmal lockermachen können: Auf Wunsch dürfen Kunden den edlen Schutz auch in drei Raten à 180 000 Euro abzahlen.

680 000 Euro

Dragon & Spider iPhone-Schutzhüllen

Damit kann man sich das iPhone um den Hals hängen – wenn man keinen Geschmack, aber viel Geld hat: Anita Mai Tan vom Al-Gems Global Design House hat eine Hülle entworfen, die aussieht, als wäre sie für Carmen Geiss gemacht. Sie blinkt und glitzert überall. Sie besteht aus 18-karätigem Gold, besetzt mit 2200 farbigen oder durchsichtigen Diamanten in Cognac, Braun, Champagnerfarbe mit einem Gewicht von 32 Karat. Das hat natürlich alles seinen Preis, nämlich umgerechnet etwa 680 000 Euro.

EXTREM LUXURIÖS

Black Astrum: Visitenkarten für die, die es geschafft haben

1200 Euro

Für Geschäftsleute gehören Visitenkarten zu den wichtigsten Utensilien. Sie wollen sorgsam entworfen sein, und das Material muss stimmen, denn wer will schon die eigene Firma auf schäbiger Pappe repräsentiert sehen? Wer Eindruck machen will, besorgt sich Visitenkarten von Black Astrum. Die aus beschichtetem Acryl gefertigten Karten sind mit feinsten Diamanten besetzt, jegliche Schrift ist eingraviert. Kostenpunkt: knapp 1200 Euro – pro Karte.

3000 Euro

Glückskinder

Wenn für den Nachwuchs das Teuerste gerade gut genug ist, dann muss man auf Komfort verzichten: Der Kinderwagen Silver Cross Balmoral kostet etwa 3000 Euro. Er wiegt 37 Kilogramm, ist aber auch nicht dazu gedacht, U-Bahn-Treppen hinuntergetragen zu werden. Mit dem nostalgischen Ding spaziert man. Handgefertigt wird es in England, und zu sehen ist es schon auf Familienfotos der Windsors. Schnickschnack gibt es nicht, dafür robuste Qualität. Das verstellbare Verdeck ist aus Marimostoff mit Metallschutzecken, der Schiebegriff aus hochglanzpoliertem Chrom, die Wanne aus Stahlblech. Das Ganze rollt auf zwei unterschiedlich großen Paaren verchromter Speichenräder, und die Federung besteht aus sechs Lederriemen.

Mode für Paranoide

Die Idee hinter der Kollektion Stealth Wear des Modedesigners Adam Harvey ist, sagen wir mal, einzigartig: Die Kleider sollen vor staatlicher und militärischer Überwachung schützen. Sie werden aus einem mit Metallfäden durchsetzten Gewebe hergestellt, das es zum Beispiel Drohnen unmöglich machen soll, Stealth Wear tragende Personen zu finden. Orientiert hat sich Harvey an muslimischen Kleidungsstücken wie der Burka. Wer auf den Geschmack gekommen ist: Die Burka kostet etwa 2000 Euro, der Kapuzensweater gute 400 Euro.

2000 Euro

84 000 Euro

Urlaub machen wie Johnny Depp

Schauspieler Johnny Depp verfügt über ein solides Einkommen und eine luxuriöse Yacht. Weil er nicht ständig Zeit auf ihr verbringen kann, sie aber ständig Unterhaltskosten verschlingt, vermietet Depp sie. Für 84 000 Euro pro Woche bietet die *Vajoliroja* – so benannt nach Johnny Depp, Ex-Partnerin Vanessa Paradis sowie ihren Kindern Lily Rose und Jack – auf einer Länge von knapp 48 Metern jede Menge Stil und Luxus. Hinter der altmodischen Fassade verbergen sich edles Art-déco-Interieur und feinste Technik samt High-End-Stereoanlage, LCD-Fernseher, Internetzugang per Satellit, schiffsweitem WLAN und mehr. Wer allerdings erst einmal auf der Sofalandschaft am Heck liegt, denkt eh nicht mehr daran, im Internet zu surfen. Die sechsköpfige Crew ist im Mietpreis inbegriffen, Platz finden zehn Passagiere.

Ein Smartphone mit eingebautem Concierge

Apples Sprachsoftware Siri ist eine feine Sache – sofern sie versteht, was man von ihr möchte. Beim Smartphone »Ti« des britischen Herstellers Vertu besteht die Gefahr nicht, dass gesprochene Anfragen ins Leere laufen. Denn dort nimmt keine Spracherkennungssoftware Anfragen entgegen, sondern ein echter Concierge. Der bucht Hotels, reserviert Tische in Restaurants und erfüllt alle anderen erdenklichen Wünsche. Auch sonst geizt das Android-Handy nicht mit netten Features; das Titanium-Gehäuse verträgt auch grobe Behandlung. Für einen Preis von 8000 Euro für das handgefertigte Gerät sollte man aber auch erwarten dürfen, dass es nicht bei der ersten Gelegenheit zerkratzt wird.

8000 Euro

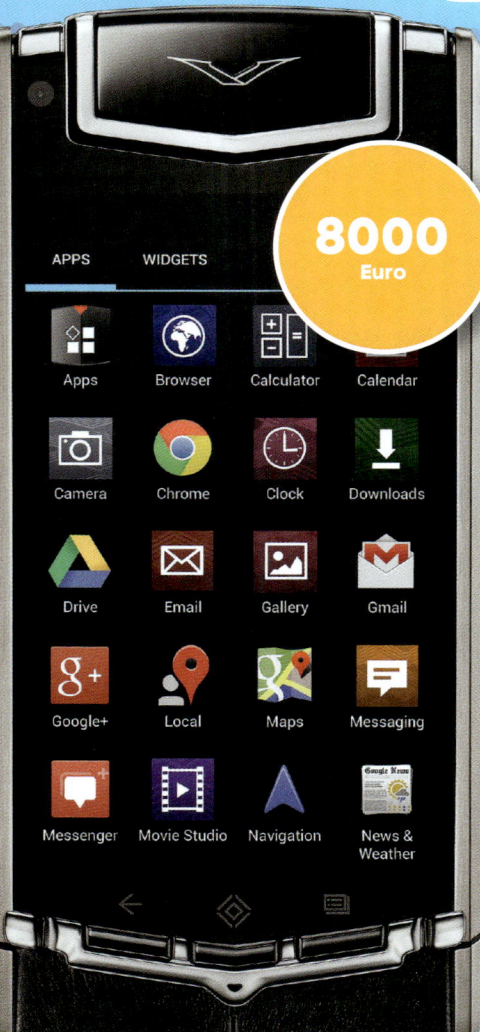

3000 Euro/kg

Die Luxusmelone

Cantaloupe-Melonen sind süß, saftig und beliebt. Für ein Stück werden im Supermarkt schnell mal zwei, manchmal auch drei Euro fällig. Auf einem japanischen Gourmet-Markt allerdings wurde ein Paar Cantaloupe-Melonen mit einem Gesamtgewicht von 3,7 Kilo im Jahr 2013 für die stolze Summe von umgerechnet 12 000 Euro versteigert. Nun ist es richtig, dass gutes Essen das Letzte ist, an dem man sparen sollte, schon der Gesundheit wegen, aber ein Kilopreis von 3000 Euro erscheint schon arg übertrieben. Andererseits gingen auf besagtem Markt auch schon eine Wassermelone für 3000 Euro und ein Bündel Weintrauben für knapp 5000 Euro in neue Hände über.

1,5 Mio.
Euro

Der Geschmack von Diamanten

Als der Mönch Dom Pierre Pérignon vor mehr als 300 Jahren eher zufällig den Champagner erfand und kostete, soll er ausgerufen haben: »Brüder, kommt schnell, ich trinke Sterne!« So weit gehen die Hersteller des teuersten Champagners der Welt namens »Goût de Diamants« nicht: Sie behaupten lediglich, er würde wie Diamanten schmecken. Entsprechend edel ist die Flasche gestaltet: Das obere Etikett, dem Superman-Logo nachempfunden, wird aus Weißgold gefertigt. In seiner Mitte sitzt ein 19-karätiger Diamant. Auch das untere Etikett ist aus Weißgold und wird mit dem Namen des Kunden versehen. Die Kosten für eine Flasche: etwa 1,5 Millionen Euro – wobei man einen Großteil wohl nicht für den Champagner zahlt, sondern für die Flasche.

1,2 Mio.
Euro

Der teuerste Hund der Welt

Wenn er die Treppe hinunterkommt, wirkt er nicht gerade majestätisch. Der Tibet-Mastiff ist schwerfällig. Und er kennt nur einen Gebieter, nämlich denjenigen, der von klein auf für ihn sorgt. Auch wenn er aussieht wie ein riesiges Sofakissen – er kann verdammt garstig werden. Ein Kuschelhund ist das nicht. Es ist die teuerste Rasse der Welt und obendrein eine der ältesten. Schon Dschingis Khan hatte welche. Und Buddha auch. Was für die beiden gut ist, kann für reiche Chinesen ja nicht schlecht sein. Die zahlen für ein solches Tier etwa 250 000 Euro im Normalfall. Der Normalfall wiegt ausgewachsen etwa 60 Kilo. Hong Dong bringt 80 Kilo auf die Waage – und wurde für 1,2 Millionen Euro verkauft. Der Besitzer, ein chinesischer Kohlebaron, hat noch 19 andere Tibet-Mastiffs. Warum man so viel Geld für einen Hund ausgibt? Es macht die Nachbarn neidisch und die Mitbürger ehrfürchtig. Außerdem lässt sich mit ihnen wiederum gutes Geld verdienen. Wenn Hong Dong zu Zuchtzwecken ausgeliehen wird, kostet das pro Stunde zwischen 11 000 und 25 000 Euro. Ohne Erfolgsgarantie. Denn perfekte Tiere wie Hong Dong sind nicht nur eine Frage der Gene, sondern auch des Glücks.

Stilvoll von Loch zu Loch

In Zeiten, in denen das Golfspiel längst nicht mehr das Privileg der Reichen ist, fällt es Gutbetuchten schwer, sich auf dem Platz noch als solche zu erkennen zu geben. Unser Tipp: Wer mit dem Golfmobil Garia Mansory Currus vorfährt, fällt garantiert auf. Das Luxusgefährt besitzt eine schwarze Karosserie aus Karbonfasern und imponiert an den wichtigen Stellen mit Details aus Leder. Die Sitze werden der Körperform des Fahrers angepasst, eine ausgeklügelte Elektronik sorgt für maximalen Fahrkomfort. Und wenn Golf schon nicht der schnellste Sport ist, ist in diesem Fall zumindest das Golfmobil rasant: Erst bei Tempo 60 ist Ende der Fahnenstange. Preis für das auf sieben Exemplare limitierte Spaßmobil: 60 000 Euro.

Das teuerste Parfum der Welt

Eigentlich ist Clive Christian Designer und Innenausstatter. 1999 erwarb er zusätzlich die Firma The Crown Perfumery und brachte 2006 eine Sonderausgabe seines Luxusparfums heraus. Die Clive Christian No. 1 Imperial Majesty Edition wurde in einem handgefertigten Flakon aus französischem Baccarat-Kristall abgefüllt. Eine goldene Manschette umschließt den Hals des goldgelben Fläschchens. Eingebettet ist ein Diamant im Brillantschliff. Zehn Flaschen wurden hergestellt, sieben gingen an reiche Kundinnen, drei blieben in Christians Besitz. Etwa 170 000 Euro kostete eine 50-Milliliter-Flasche, dafür dufteten die Kundinnen anschließend nach Bergamotte, Limette, Mandarine und Kardamom.

Baden wie in der Hängematte

Ein Vollbad ist der Inbegriff von Entspannung, eine Hängematte ebenso. Also, so dachte man sich beim britischen Möbelhersteller Splinter Works, wäre das höchste Gefühl der Entspannung doch ein Vollbad in einer Hängematte. Nach dieser Idee entwarfen sie ihre Badewanne Vessel. Die 2,70 Meter lange Wanne ist aus leichtem Karbon hergestellt und wird an zwei gegenüberliegenden Wänden befestigt, sodass sie wirklich im Raum zu schweben scheint. Auch ein Abflussrohr stört nicht den eleganten Gesamteindruck, denn das Wasser läuft aus einem Loch im Boden der Wanne direkt in einen Ablauf im Badezimmerboden. Wer also zufällig neben etwas mehr als 26 000 Euro noch ein Badezimmer mit den passenden Abmessungen und einem Bodenablauf besitzt, kann sich nun auf das ultimative Badeerlebnis freuen – vorausgesetzt, man ergattert noch eine der auf 15 Stück limitierten Wannen.

Schöner spielen

Mit der Anschaffung einer Spielkonsole ist es so: Die Konsole selbst ist nicht teuer, aber wer Blut geleckt hat, gibt viel Geld für Zubehör aus. Da kann man auch gleich alles zu Beginn kaufen: Für knapp 70 000 Euro bietet die Megakonsole Pinel & Pinel Arcade PS neben einer Playstation 3 und 24 ausgewählten Spielen Folgendes: zwei Formel-1-Rennsitze mit Lenkrad und Pedalen, diverse Controller, ein Soundsystem mit 1800 Watt Leistung, einen 3-D-Fernseher von Sony mit 55-Zoll-Diagonale, Controller für Bewegungssteuerung, 3D-Brillen, Mikrofone und so weiter. Verkleidet wird das Paket in Kalbsleder, wobei 50 Farben zur Auswahl stehen, die Beschläge sind aus vernickeltem Messing. Ein Exemplar zu bekommen ist jedoch schwierig: Die Arcade PS ist auf 15 Stück limitiert.

70 000 Euro

40 000 Euro

Der Olsen-Twins-Rucksack

Als Schauspielerinnen sind die Zwillinge Mary-Kate und Ashley Olsen schon seit längerer Zeit nicht mehr in Erscheinung getreten, als Modedesignerinnen hingegen sind sie mit ihrer Luxusmarke The Row durchaus erfolgreich. Der Rucksack, den die beiden zusammen mit dem englischen Künstler Damien Hirst herausbrachten, ist zumindest gewöhnungsbedürftig. Gefertigt ist er aus schwarzem Krokodilleder, außerdem zieren ihn Applikationen aus farbigen Punkten und Imitate von Tabletten und Kapseln. Für die lächerliche Summe von mehr als 40 000 Euro konnten Käufer sich so sicher sein, dass für ihren auf zwölf Stück limitierten Rucksack gilt: nicht schön, aber selten.

Laptop trifft Luxus

Wer glaubt, die Anschaffung des letzten MacBooks hätte ein ziemlich großes Loch in den Geldbeutel gerissen, kann aufhören, sich zu grämen: Es hätte noch viel heftiger kommen können. Für einen Laptop kann man nämlich auch eine Million US-Dollar ausgeben. Der Hersteller, die britische Firma Luvaglio, macht sogar ein Geheimnis daraus, was der sündhaft teure Computer denn nun genau kann. Er soll über einen 17-Zoll-Schirm und ein Blu-Ray-Laufwerk verfügen, allerdings würde dies bei weitem nicht den Preis erklären. Der rechtfertigt sich wohl eher über das mit Straußenleder überzogene Gehäuse und die Tatsache, dass als Ein- und Ausschalter ein Diamant verwendet wird. Rechenleistung, Arbeitsspeicher? Egal. Denn der Luvaglio-Laptop soll vor allem eines sein: teuer.

1 Mio. Dollar

120 000
Euro

Tierhochzeit
mit Saus und Braus

Man kann es für niedlich halten oder für vollkommen dämlich, aber es gibt tatsächlich Menschen, die Haustiere miteinander verheiraten. Besonders aufwendig geriet eine Hundehochzeit in New York: Mehr als 120 000 Euro kostete die von Chilly und Baby Hope. Allein das Orchester schlug mit mehr als 12 000 Euro zu Buche, das Sushi-Buffet mit 4000. Vergleichsweise günstig war das Buffet für die Hauptpersonen: Nur 320 Euro wurden für Hundefutter fällig. Wendy Diamond, das Frauchen der beiden Tiere und obendrein Tierschutzaktivistin, bereute offenbar keinen einzigen ausgegebenen Cent und freute sich abschließend: »Nun muss ich selbst nicht mehr heiraten. Ich habe alles gehabt.«

U-Bahnhof
mal anders

Voll, stickig, dreckig – sich in U-Bahnhöfen aufzuhalten ist oft kein Vergnügen. Dieses Problem hatte Riad, die Hauptstadt von Saudi-Arabien, noch nie. Dafür hatte sie ein anderes: Die Stadt besaß gar keine U-Bahn. Dies soll sich nun ändern. Dennoch hat König Abdullah ibn Abd al-Aziz nicht vor, seine schöne Hauptstadt Riad mit einem hässlichen U-Bahnhof zu verschandeln. Stattdessen hat er die Stararchitektin Zaha Hadid beauftragt, ihm den schönsten und edelsten U-Bahnhof der Welt zu bauen – und das in nur vier Jahren. Lamellenartige Muster in den Fenstern sollen die grelle Wüstensonne aussperren, aber dennoch genug Licht hineinlassen, vergoldete Design-Elemente die geschwungenen Formen der Bahnsteighallen veredeln. Wie teuer der Bau werden soll, ist nicht bekannt. Aber Geld ist wohl das Letzte, das den König einer der wichtigsten Ölnationen interessiert.

18 200
Euro/Person

Maharajas' Express:
Indien wie noch nie

Zugfahren in Indien ist nicht immer ein Spaß. Die Züge sind häufig überfüllt, langsam und haben oft schon bessere Tage gesehen. Es sei denn, man fährt mit dem Maharajas' Express. Im luxuriösesten Zug der Welt fühlt man sich wie zu Zeiten des Orient-Express. Die Kabinen sind ausgestattet wie auf einem Luxus-Kreuzfahrtschiff, samt geräumiger Doppelbetten und Duschen oder gar einer Badewanne. Die größte Suite erstreckt sich über einen ganzen Waggon. Es gibt zwei Spitzenrestaurants, eine Bar und einen Clubwagen. Eng wird es in diesem Zug nie: Nur 88 Passagiere teilen sich 23 Waggons. Je nach gebuchter Kabine werden zwischen 4600 und 18 200 Euro fällig – pro Person.

Barre Gray:
eine der teuersten Granitsorten der Welt

Eine der teuersten Granitsorten kommt aus Vermont im äußersten Nordosten der USA. Der E.-L.-Smith-Bruch liegt in der Stadt Barre und ist der weltweit größte Granit-Steinbruch. Drei Kilometer breit, sieben Kilometer lang und 16 Kilometer tief ist das riesige Granit-Vorkommen »Rock of Ages«. Seit 1814 wird hier der Barre-Granit, auch »Barre Gray« genannt, abgebaut. Bei den derzeit jährlich geförderten 5000 Kubikmetern reicht das Vorkommen noch für 4500 Jahre.

Der Abbau des Granits ist trotz des Einsatzes moderner Technik auch heute noch Schwerstarbeit. Als Erstes werden die Granitblöcke vertikal aus dem Massiv gelöst, in dem man von oben nach unten Bohrloch neben Bohrloch setzt. Mit einer Diamant-seilsäge wird der Block danach horizontal getrennt und mit Kränen aus 200 Metern Tiefe nach oben befördert. Früher wurde Dynamit verwendet, um die Granitblöcke aus dem Fels zu sprengen. Natürlich war dabei das Risiko für Material und Mensch um

VERMONT

DER
E.-L.-SMITH-
BRUCH IST
DER WELTWEIT
GRÖSSTE
GRANIT-STEIN-
BRUCH

einiges größer. So starben im E.-L.-Smith-Bruch seit Beginn der Arbeiten vor knapp 200 Jahren etwa 6000 Menschen. Bei Unfällen, aber auch aufgrund des feinen Steinstaubes an Atemwegserkrankungen. Der gesamte Arbeitsprozess für einen Barre-Granit-block mit einer durchschnittlichen Länge von zwölf Metern, einer Höhe von neun und einer Breite von 7,5 Metern dauert fast zwölf Stunden. 15 dieser Granit-blöcke werden hier am Tag gefördert. Und das in der Zeit von März bis September. Danach wird es für die Arbeit im Steinbruch zu kalt.

In der angrenzenden Fabrik werden die kleineren Granitblöcke zu Schotter verarbeitet – unter anderem für Eisenbahnstrecken. Die größeren werden zu Bau-material. Aus den Blöcken werden einzelne Platten gefertigt und durch einen mehrstufigen Schleif- und Polierprozess werden aus den roh geschnittenen Steinplatten schließlich edle Granitplatten. Eine Platte Barre-Granit hat einen Wert von circa 4000 Euro. Allein eine Fliese kostet bis zu 170 Euro. Dafür besit-zen Granitfliesen aber nicht nur eine edle Optik: Im Gegensatz zu Marmor sind sie auch resistent gegen Reinigungsmittel und Säuren. Einer der Hauptgründe, warum Granit in Badezimmern und Küchen so beliebt ist.

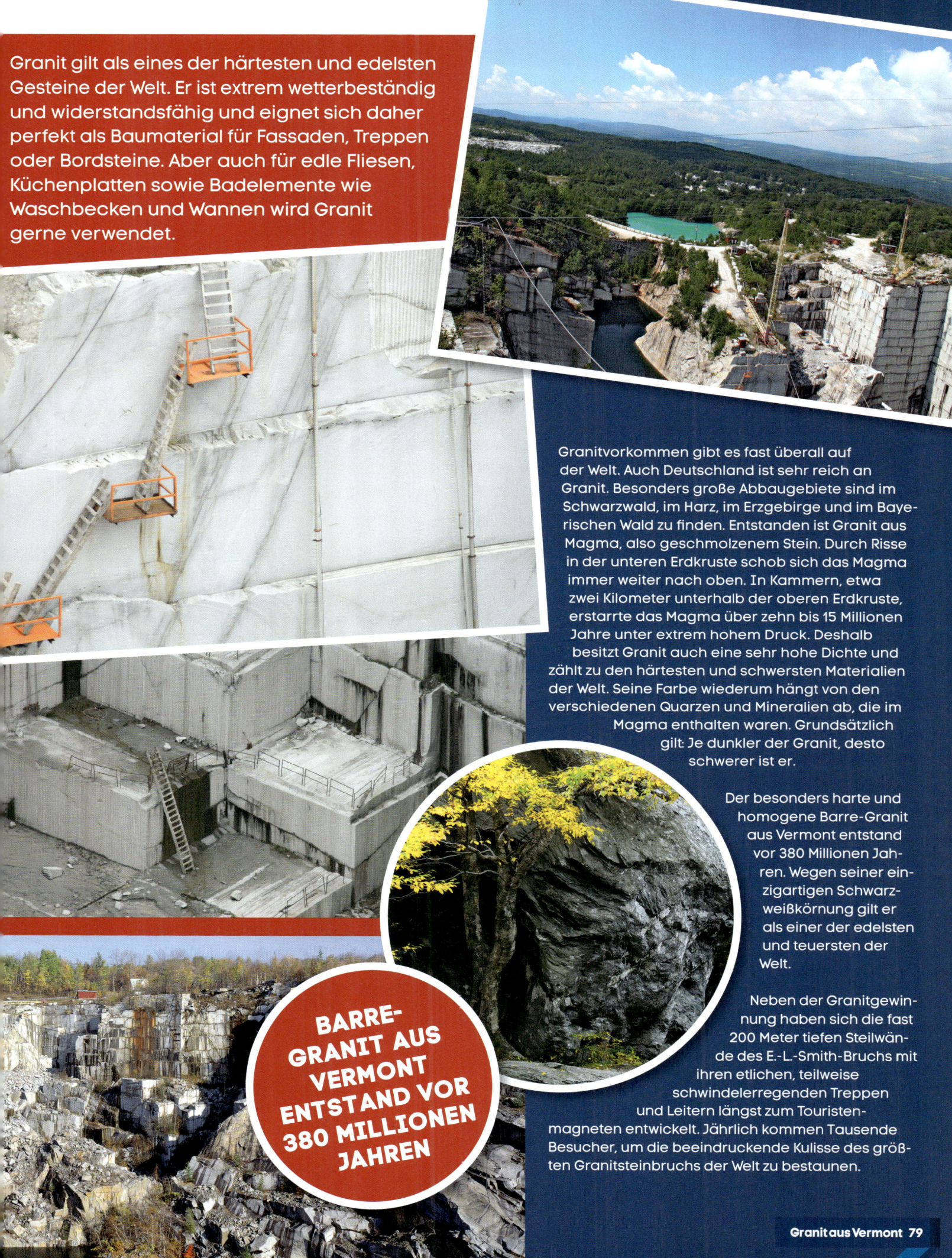

Granit gilt als eines der härtesten und edelsten Gesteine der Welt. Er ist extrem wetterbeständig und widerstandsfähig und eignet sich daher perfekt als Baumaterial für Fassaden, Treppen oder Bordsteine. Aber auch für edle Fliesen, Küchenplatten sowie Badelemente wie Waschbecken und Wannen wird Granit gerne verwendet.

Granitvorkommen gibt es fast überall auf der Welt. Auch Deutschland ist sehr reich an Granit. Besonders große Abbaugebiete sind im Schwarzwald, im Harz, im Erzgebirge und im Bayerischen Wald zu finden. Entstanden ist Granit aus Magma, also geschmolzenem Stein. Durch Risse in der unteren Erdkruste schob sich das Magma immer weiter nach oben. In Kammern, etwa zwei Kilometer unterhalb der oberen Erdkruste, erstarrte das Magma über zehn bis 15 Millionen Jahre unter extrem hohem Druck. Deshalb besitzt Granit auch eine sehr hohe Dichte und zählt zu den härtesten und schwersten Materialien der Welt. Seine Farbe wiederum hängt von den verschiedenen Quarzen und Mineralien ab, die im Magma enthalten waren. Grundsätzlich gilt: Je dunkler der Granit, desto schwerer ist er.

Der besonders harte und homogene Barre-Granit aus Vermont entstand vor 380 Millionen Jahren. Wegen seiner einzigartigen Schwarzweißkörnung gilt er als einer der edelsten und teuersten der Welt.

Neben der Granitgewinnung haben sich die fast 200 Meter tiefen Steilwände des E.-L.-Smith-Bruchs mit ihren etlichen, teilweise schwindelerregenden Treppen und Leitern längst zum Touristenmagneten entwickelt. Jährlich kommen Tausende Besucher, um die beeindruckende Kulisse des größten Granitsteinbruchs der Welt zu bestaunen.

BARRE-GRANIT AUS VERMONT ENTSTAND VOR 380 MILLIONEN JAHREN

Arganöl:
das marokkanische Gold

Das teuerste und edelste Öl der Welt kommt aus Marokko und heißt Arganöl. Ein Liter kostet bis zu 100 Euro. Das hat zwei Gründe: Zum einen ist die Herstellung – vom Sammeln der Früchte über das Knacken der Schale bis zum Mahlen und Pressen der Kerne – reine Handarbeit. Zum anderen gibt es den Arganbaum, auch Arganie genannt, nur noch in Marokko. Die Bäume sind so selten, dass die UNESCO sie zum Weltkulturerbe erklärt hat. In Marokko aber wächst die »Argania spinosa« trotz langer Dürre und Temperaturen von bis zu 50 Grad seit 80 Millionen Jahren und liefert bis heute das sogenannte marokkanische Gold.

SO WIRD ES GEWONNEN

In jedem Fall müssen die gewonnenen Kerne mindestens eine halbe Stunde über offenem Feuer rösten. Nur so bekommt das Öl später seinen typisch nussigen Geschmack. Danach werden sie gemahlen. Wiederum in Handarbeit von einem Frauenkollektiv. Das Ergebnis ist ein zähflüssiger Brei. Um schließlich das Öl aus dem Brei zu bekommen, wird er mit Wasser gemischt. Dann heißt es für die Frauen: kneten, kneten, kneten. Das Wasser sorgt dafür, dass aus dem Brei teigähnliche Klumpen werden, aus denen das kostbare Öl dann herausgepresst werden kann. Bis zu zwei Stunden dauert diese Prozedur. Das so gewonnene Öl wird noch einmal gefiltert, dann ist es fertig für den Versand.

Agadir im Südwesten Marokkos. Jeden Morgen brechen die Frauen zum Früchtesammeln auf. Erntezeit der Arganfrucht ist von Juli bis September. Man muss warten, bis die Früchte von alleine herunterfallen. Direktes Pflücken würde den Baum verletzen. Drei Monate dauert es, bis sie aufgelesen werden können. 30 Kilogramm Früchte, die Ernte von fünf Bäumen, ergeben einen Liter Öl. Das Sammeln sowie die gesamte Produktion ist in Marokko traditionell Frauenarbeit, komplett organisiert in sogenannten Frauenkooperativen. Bis zu 100 Kilogramm sammelt eine Frau in Agadir am Tag. Nach dem Sammeln und Wiegen müssen die Früchte austrocknen. Dazu liegen sie mindestens drei Wochen auf Dächern in Agadir. So lässt sich später die äußere Schale der Frucht leichter lösen. Danach kommt wieder Handarbeit. Jede einzelne Frucht muss gepellt, ihre Mandel geknackt und die darin enthaltenen zwei Kerne – jeweils kaum größer als ein Kürbiskern – herausgeholt werden. Dabei ist die Schale der inneren Arganfrucht 16-mal härter als die von Haselnüssen.

Zwar klettern auch Ziegen auf die Arganbäume, um die Früchte zu fressen, und scheiden die Kerne unverdaut aus. Aber von den marokkanischen Berbern hält niemand etwas von dieser Methode. Das Aroma sei anders. Dieser Aussage darf man glauben, schließlich bereiten die Berber fast jedes Essen mit Arganöl zu.

SAFRAN:
DER LACHENDE TOD

Exklusive Gewürze gibt es viele auf der Welt. Keines aber ist seit Jahrtausenden so begehrt wie Safran. Ob als Färbe- oder Heilmittel, zur Herzstärkung, bei Magenbeschwerden und Nervenleiden oder als Aphrodisiakum. Um Safran wurden im Mittelalter sogar Kriege geführt. Und bis heute ist Safran das mit Abstand teuerste Gewürz der Welt.

20 Euro pro Gramm

DER WEG DES SAFRANS

Bereits für ein Gramm der kostbaren Safranfäden zahlt man circa 20 Euro. Der Preis pro Kilo liegt – je nach Qualität – zwischen 3000 und 14 000 Euro. Gewonnen werden die Safranfäden aus den getrockneten und süß-aromatisch duftenden Blütennarben des Safrankrokus (lat. Crocus sativus), der aus der Familie der Schwertlilien- gewächse stammt. Jährlich werden weltweit nur circa 200 Tonnen Safran produziert. Unter anderem in Südfrankreich, Spanien, Marokko und Griechenland. Mehr als 90 Prozent aber kommen aus dem Iran. Qāen in der Provinz Süd-Chorasan. Die Stadt im kargen Nordosten des Irans wird nicht umsonst als »die Stadt des Safrans« bezeich- net. 90 Prozent des iranischen Safrananbaus finden hier statt. Und der in Qāen produ- zierte Safran gilt aufgrund seines ein- maligen Aromas und der Intensität seiner Farbe als der beste der Welt. »Das rote Wüstengold« nennen ihn die Perser.

MÜHSAME HANDARBEIT

Die Safranernte ist eine der schwierigsten Ernten überhaupt. Zwar braucht der Safrankrokus nur wenig Wasser und vermehrt sich vegetativ durch Knollenteilung, aber er blüht auch nur einmal im Jahr für etwa zwei Wochen im November. Während dieser Zeit ist fast ganz Qâen – vor allem aber Kinder und Frauen – unterwegs zu den Safranfeldern. Selbst die Schule beginnt während der Erntezeit zwei Stunden später. Denn das Pflücken der Blüten schafft keine Maschine, es ist mühselige Handarbeit. Und ein Wettlauf gegen die Sonne, denn das Pflücken muss sehr früh morgens geschehen, unmittelbar nachdem sich die Blüten geöffnet haben, da das Aroma verloren geht, sobald sie direktem Sonnenlicht ausgesetzt sind. Für ein Kilogramm des kostbaren Gewürzes müssen circa 170 000 Blüten gezupft werden.

400 000 Stunden
für 1 kg Safran

KEINE MINUTE ZU LANG

In jeder Blüte sind drei 2,5 bis 3,5 Zentimeter lange Stempelfäden, die wiederum in Handarbeit aus der Blüte gezogen werden. Für das fertige Gewürz müssen diese Fäden nun noch getrocknet werden. Das geschieht in einer Fabrik. Um den Prozess zu beschleunigen, werden die Fäden hier bei 40 Grad eine Stunde getrocknet. Nicht eine Minute länger. Sonst trocknen die Safranfäden komplett aus und verlieren ihren Wert. 400 000 Arbeitsstunden stecken am Ende in einem Kilogramm trockenem Safran. 50 Tonnen Safran jährlich werden hier in der Fabrik in Süd-Chorasan produziert und dann in 40 verschiedene Länder exportiert. 85 Prozent nach Europa. Vor allem nach Spanien. Dort wird er häufig umgepackt und als teurerer spanischer Safran verkauft.

DER LACHENDE TOD

Wie bei fast allem gilt für Safran ganz besonders: Mehr ist nicht unbedingt auch besser. Denn verwendet man zu viel Safran, schmeckt das Essen bitter. Und: Bereits ab fünf Gramm führt er zu Erbrechen und Blutungen. Zehn bis zwölf Gramm können tödlich sein. Dabei tritt im ersten Stadium ein starker Lachreiz auf, dann Herzklopfen, Schwindel und Sinnestäuschungen. Später kommt es zu einer Lähmung des zentralen Nervensystems, was zum Tod führt. Und auch wenn man Safran aus diesem Grund früher als »lachenden« oder »fröhlichen Tod« bezeichnete, sollte man bei seiner Verwendung sowohl aus finanziellen als auch aus gesundheitlichen Gründen lieber etwas sparsamer sein.

Galileo
EXTREM
MYSTERIÖS

Eine berühmte Königin, die plötzlich verschwand. Eine Stadt in der Wüste, einst reich, heute verlassen. Ein Ort, an dem in jeder zweiten Nacht Gewitter wüten. Galileo geht auf eine Reise zu den letzten Geheimnissen der Erde, zu den sagenhaften Stätten des Altertums und zu modernen Mysterien.

Die **LETZTEN GEHEIMNISSE**

Eine legendäre Königin, deren Verschwinden so geheimnisvoll ist wie ihre Herkunft. Stolze Völker, deren Untergang niemand erklären kann. Und eine mysteriöse Schrift, die keiner zu entschlüsseln vermag: Noch immer gibt es Mysterien, die bisher niemand zu lösen vermochte. Dies sind die spannendsten von ihnen.

Die wandernden Steine des DEATH VALLEY

Im Nationalpark Death Valley im Südwesten der USA liegt eine Ebene namens Racetrack Playa. Dort wandern Steine und Felsbrocken über die Oberfläche. Dies geschieht zu langsam für das menschliche Auge, doch zeugen Spuren von ihren Wanderungen. Bis heute ist nicht geklärt, was die Steine zu ihren Exkursionen veranlasst. Eine Hypothese besagt: An Regentagen entsteht durch Bakterien im Boden ein Schmierfilm. Nun hat der Wind es leichter, die schweren Steine über den Boden zu bewegen. Gesichert ist dies aber nicht. Nun sollen Steine mit GPS-Empfängern versehen werden, um ihre Bewegungen bei verschiedenen Wetterverhältnissen zu dokumentieren.

BIS ZU 3000 JAHRE ALT, 20 KILOMETER LANG UND VOLLER GEHEIMNISSE

NAZCA-LINIEN: geheimnisvolle Bilder

Vor 90 Jahren wurden in der peruanischen Nazca-Wüste Malereien entdeckt. Sie sind riesig, bis zu 20 Kilometer lang und vom Boden aus nicht zu erkennen. Entdeckt wurden sie, als ab 1924 Verkehrsflugzeuge diese Gegend überflogen. Heute weiß man, dass ihre Entstehung bis ins Jahr 800 vor Christus zurückreicht und somit in die Zeit der indianischen Hochkulturen Paracas und Nazca fällt. Entstanden sind sie, indem die oberste Schicht des Bodens abgeschabt wurde, wodurch die darunterliegende, hellere Schicht an die Oberfläche trat. Nur: Welchem Zweck dienten die Linien? Die Wissenschaftler sind sich nicht einig: Manche sind davon überzeugt, die Hochebene von Nasca sei eine Art riesige Sportarena gewesen, die parallelen Linien so etwas wie Rennstrecken. Andere vertreten die Meinung, sie hätten der Bewässerung gedient. Am glaubwürdigsten ist jedoch die Theorie, die Linien hätten als Prozessionsweg für Rituale gedient. Doch auch hier fehlt der letzte Beweis.

Die Steintafeln von GEORGIA

Es ist eines der mysteriösesten Bauwerke der USA: vier Granitplatten, sechs Meter hoch und durch eine Deckplatte miteinander verbunden. In sie sind Leitsätze graviert: »Vermeide belanglose Gesetze« steht dort oder auch »Halte die Menschheit unter 500 Millionen«. In zwölf Sprachen werden sie wiedergegeben. Die Struktur erinnert entfernt an die Megalithen von Stonehenge. Doch die Georgia Guidestones wurden erst im Jahr 1980 errichtet. Der Auftraggeber trat unter einem Pseudonym auf, und niemand weiß, wer sich hinter dem Namen »R. C. Christian« versteckt. Und so gibt es ein Monument, dessen Eröffnung die meisten Einwohner der Region bereits erlebt haben und das trotzdem von Mysterien umgeben ist.

POHNPEI:
die Insel der Giganten

Die mikronesische Insel Pohnpei war Heimat einer geheimnisvollen Kultur, die hier vor 1000 Jahren existierte. Vor der Insel liegen 92 weitere, kleinere Inseln. Diese wurden zwischen den Jahren 1000 und 1200 künstlich aufgeschüttet. Auf ihnen wurde die Stadt Nan Mandol erbaut, unter anderem mittels Basaltsäulen. Diese geben Archäologen Rätsel auf. Denn bei einer Länge von sieben Metern wiegt so ein Bauelement fünf Tonnen; insgesamt wurden an die 250 Millionen Tonnen Basalt verbaut. Herangeschafft wurden diese Säulen von der Hauptinsel, wobei diese komplett überquert werden musste – 20 Kilometer weit durch dichte Mangrovenwälder. Einheimische Legenden berichten von Riesen, die damals auf Pohnpei lebten und die Säulen tragen konnten. Wissenschaftler befriedigt diese Antwort kaum, doch mit einer besseren Antwort tun Forscher sich nach wie vor schwer.

HABEN RIESEN DIE SCHWEREN BASALT-SÄULEN ZU DEN INSELN GEBRACHT?

RONGORONGO:
das Geheimnis der Osterinsel

Um die Kultur und Geschichte der Osterinsel ranken sich viele Geheimnisse. Die Moai, jene riesigen Statuen aus Stein, die die Insel zieren, sind nach wie vor nicht vollkommen erforscht. Wie alt sie sind und welchem Zweck sie dienten, ist immer noch nicht bekannt. Aufschluss darüber könnte eine alte Schrift geben: Dieser Text, Rongorongo genannt, befindet sich auf mehreren hölzernen Tafeln und diente, dar-über herrscht unter Wissenschaftlern Einigkeit, einst den Geistlichen der Insel als Gedächtnisstütze beim Absingen von rituellen Liedern. Diese Schrift enthält also den Schlüssel zur Kulturgeschichte der Osterinsel. Leider nützt dies niemandem etwas. Denn die Schrift, in der der Text verfasst ist, besitzt keinerlei Gemeinsamkeiten mit anderen Schriften. In der Inselwelt Ozeaniens entwickelte allein die Osterinsel überhaupt ein eigenes Schriftsystem, vollkommen losgelöst von fremden Einflüssen. So helfen die Rongorongo-Tafeln bisher nur wenigen, nämlich der Bevölkerung der Osterinsel. Die hatte früh bemerkt, wie begehrt die Tafeln bei Reisen-den waren und schlug daraus zeitweise Kapital, indem sie Besuchern Fälschungen andrehte.

Die spektakulärsten Naturphänomene der Welt

Seltsame Felsformationen, ein riesiges Auge auf dem Wüstenboden, apokalyptische Wolkenberge: Die Natur überrascht uns immer wieder mit unglaublichen Erscheinungen. Galileo stellt die mysteriösesten vor.

Die Sandsteinsäulen von Wulingyuan

Wie der ferne Mond Pandora aus dem Film *Avatar* wirkt die Landschaft des Naturschutzgebietes Wulingyuan in China. Majestätisch ragen Säulen aus Sandstein bis 800 Meter weit in den Himmel. Wie kann es sein, dass solche Gebilde aus dem Boden wachsen? Es kann nicht sein. Nicht die Sandsteinsäulen sind gewachsen, sondern die Schluchten zwischen ihnen. Vor 60 Millionen Jahren lag hier ein flacher Ozean, auf dessen Grund sich Sand unter dem Gewicht des Wassers zu Sandstein verklumpte. Später wurde der Grund durch die Verschiebung von tektonischen Platten angehoben, das Meer verschwand, es entstand eine Ebene aus Sandstein. Wird diese Gesteinsart Wind, Regen und Schnee ausgesetzt, trägt sie sich nicht durch Erosion ab. Dafür entstehen Risse im Gestein. Irgendwann wird ein Stück herausgespült, eine Schlucht entsteht. Die übrig gebliebenen Säulen allerdings bleiben sehr stabil, auch wenn sie nur noch auf einer kleinen Grundfläche stehen.

The Wave:
das versteckte Naturwunder

An der Grenze zwischen den US-Bundesstaaten Arizona und Utah liegt eine der beeindruckendsten Landschaften des amerikanischen Westens: The Wave, eine wellenförmige Steinformation. Der Sandstein, aus dem sich diese Landschaft bildet, ist bis zu 200 Millionen Jahre alt – eine lange Zeit, während der Erosion das poröse Gestein nach und nach abtrug, wodurch die einzelnen Gesteinsschichten unterschiedlicher Härte sichtbar wurden. Von Stürmen getragener Sand schabte an den Wänden, die seltenen, aber dann umso heftigeren Regengüsse wuschen das Gestein hinfort und schufen diese surreale Welt.

Das Auge Afrikas:
der unbekannte Riese

Eines der mysteriösesten Phänomene der Welt ist derart groß, dass man es glatt übersieht: Das Auge Afrikas befindet sich mitten in der Sahara, im nordwestafrikanischen Staat Mauretanien. Es ist fast kreisrund und besitzt einen Durchmesser von 40 Kilometern. Die Richat-Struktur, so der offizielle Name, besteht aus ringförmigen Wällen um einen gemeinsamen Mittelpunkt. Sichtbar ist sie nur aus großen Höhen. Was das Auge Afrikas genau ist, können Forscher nicht sicher sagen. Ursprünglich nahm man an, hier hätte ein Meteorit seine Spuren hinterlassen. Heute gilt als wahrscheinlich, dass an der Stelle der Richat-Struktur einst ein Vulkan stand, der durch Erosion abgetragen wurde. Seine verschiedenen Gesteinsschichten wurden dadurch wie Zwiebelschalen freigelegt. Gesichert ist aber auch dies nicht.

Mammatuswolken:
Vorboten der Hölle

Bei uns sieht man sie selten, in manchen Gegenden der USA, Mexikos und Kanadas weiß man dagegen beim Anblick von Mammatuswolken: Es droht Unheil. Wie Euter hängen Hunderte von Wölbungen an einer großen Mutterwolke. Mammatuswolken entstehen an der Unterseite mächtiger Wolken. Dort herrschen Temperaturen von unter minus 20 Grad, die Wolke besteht aus Eiskristallen und stark unterkühlten Wassertröpfchen. Enthält die Wolke genügend Feuchtigkeit, bildet sich Schnee oder Reifgraupel, der aus ihr herausfällt. Ist die Luft unterhalb der Wolke verhältnismäßig trocken, entsteht eine Art Luftwirbel, der den Niederschlag wieder nach oben drückt. Gleichzeitig kommt aus der Mutterwolke Nachschub an neuem Niederschlag. Das Aufeinandertreffen von kalter und warmer Luft ist die beste Voraussetzung für ein heftiges Unwetter. In Gegenden, in denen Mammatus oft zu sehen sind, wird sich jeder Mensch bei ihrem Anblick ins Haus begeben. Sie sind ein klarer Hinweis darauf, dass gleich ein heftiges Gewitter zu erwarten ist – oder gar ein Tornado.

Halos:
Lichtspektakel aus der Kälte

Viele Menschen kennen diese Lichterscheinungen nur aus Science-Fiction-Filmen, wo sie oft die baldige Ankunft eines außerirdischen Raumschiffs ankündigen. Doch Halos, eigentümliche, ringförmige Lichterscheinungen, gibt es tatsächlich. Damit sie auftreten können, muss es zunächst einmal kalt sein. Denn ein Halo benötigt Eiskristalle, die entstehen, wenn Wasser in der Atmosphäre gefriert. Wachsen diese Kristalle langsam genug, erhalten sie eine regelmäßige, sechseckige Form. An diesen Formen werden die Sonnenstrahlen gebrochen und reflektiert, wodurch die eindrucksvollen Lichteffekte entstehen. Dabei sind mehrere Arten von Halos möglich: Je nachdem, wie die Eiskristalle in der Luft liegen, bilden sich Ringe um die Sonne, aber auch senkrechte Säulen durch die Sonne hindurch, horizontal liegende Ringe und sogar Nebensonnen.

Feenkreise:
Götter und Termiten

Vor allem im südafrikanischen Staat Namibia sind sie oft zu sehen: kreisrunde, kahle Stellen auf dem Boden, der sonst mit Steppengras bedeckt ist. Um sie rankten sich uralte Legenden, die Bewohner der Wüste Namib hielten sie einst sogar für die Wohnorte von Feen. In Wahrheit wohnen in ihnen Termiten, die sämtliche Graswurzeln innerhalb dieser Kreise verzehren. Der Landschaft tun die kleinen Tiere damit einen großen Gefallen. Naturgemäß fällt in der Wüste Namib wenig Regen, und der wenige Niederschlag verdunstet oft, wenn er an den Gräsern hängen bleibt. An den kahlen, von den Termiten leer gefressenen Stellen hingegen versickert das Wasser in den Boden, wo es lange Zeit gespeichert bleibt. Deshalb sind die kahlen Feenkreise oft umsäumt von Gras.

Die Blitze von Catatumbo:
Leuchten in der Nacht

Es ist ein Spektakel, das sich in jeder zweiten Nacht am Maracaibo-See in Venezuela abspielt: An 150 Nächten im Jahr kommt es hier zu schweren Gewittern. Sie werden dadurch verursacht, dass die Wetterbedingungen in der Gegend solche Wettereskapaden begünstigen. Dies ist immer dann gegeben, wenn feuchte, kalte Luft auf warme, trockene stößt – und genau das passiert in dieser Region regelmäßig. Anfang des Jahres 2010 durchlitt Venezuela eine mehrmonatige Dürre – und damals schwieg auch das Gewitter von Catatumbo.

Die Höhle der Kristalle

Im Jahr 2000 gruben Arbeiter im Bundesstaat Chihuahua einen Tunnel für das mexikanische Bergbauunternehmen Industrias Peñoles. Dabei stießen sie auf eine Kalksteinhöhle, übersät mit gigantischen Kristallen aus Marienglas, bis zu zwölf Meter hoch. Der Fund war eine Sensation, doch noch immer haben nur wenige Menschen diese Höhle besucht. Diese liegt nämlich auf einer geologischen Verwerfung, darunter befindet sich eine Magmakammer, die die Luft in der Höhle auf 60 Grad erhitzt. Das Magma erhitzte das Grundwasser, das sich gleichzeitig mit Mineralien anreicherte. Dieses etwa 50 Grad warme Wasser füllte die Mine etwa eine halbe Million Jahre lang aus, die Mineralien konnten gigantische Kristalle bilden.

Giant's Causeway

Nahe der Kleinstadt Bushmills an der Nordküste Nordirlands liegt der Giant's Causeway, zu Deutsch: der Damm des Riesen. 40 000 Basaltsäulen, 60 Millionen Jahre alt, ragen hier aus dem Boden und bilden eine in das Meer ragende Landzunge. Vor etwa 60 Millionen Jahren war dieses Gebiet der irischen Insel heftiger Vulkanaktivität unterworfen. Heiße Lava aus flüssigem Basalt ergoss sich von der Küste in die See, auf dem Weg dorthin kühlte sie ab. Hierbei zieht die Lava sich zusammen, wodurch Risse entstehen, zwischen denen dann die Säulen aus erkalteter Lava aufragen. Ob Riese oder Vulkan: Die Entstehung des Giant's Causeway dürfte ein Schauspiel von seltener Qualität gewesen sein.

Rote Regenbögen:
Zauber der Abendsonne

Ein Regenschauer bei Sonnenuntergang ist ideale Voraussetzung für einen spektakulären Abendhimmel: Tiefschwarz hängen die Regenwolken an einem dunkelroten Himmel. Bildet sich nun ein Regenbogen, erscheint dieser nicht wie üblich in allen Spektralfarben, sondern schlägt einen roten Bogen über die Landschaft. Der Grund für das Phänomen: Steht die Sonne tief, werden alle kurzwelligen Farben des Lichtes bei dessen langem Weg durch die Atmosphäre weggestreut und es bleibt nur noch das langwellige Rot übrig. Sogar nach Sonnenuntergang kann ein solcher Regenbogen noch auftauchen – wenn die eben hinter dem Horizont verschwundene Sonne die Wolkendecke noch beleuchtet.

Roll Clouds: Segen für Segelflieger

Am Golf von Carpentaria in Nordaustralien ist sie oft zu sehen: eine scheinbar endlos lange, schmale Wolkenfront, die wie eine Walze über das Wasser rollt. Sieht man ein derartiges Phänomen, sollte man besser den Hut festhalten und die im Garten aufgehängte Wäsche ins Haus bringen. Ist man auf See, sucht man besser schnell den nächsten Hafen auf. Denn Rollwolken sind ein klares Zeichen für einen herannahenden Sturm. Dessen Kaltfront bewirkt, dass wärmere Luft aus der Umgebung aufsteigt und dann kondensiert, wodurch sich die Wolke bildet. Ist die Sturmfront breit genug, bilden sich jene scheinbar endlosen »roll clouds«. Die größten Fans von Rollwolken sind Drachen- und Segelflieger: Oberhalb solcher Wolken herrschen beste Bedingungen für endloses Gleiten.

NEW ORDOS:
DIE LEERE STADT

New Ordos war der Traum chinesischer Städteplaner: eine Millionenstadt, gebaut in wenigen Jahren. Heute stehen dort riesige Wohnkomplexe leer, auf den Straßen fahren kaum Autos. Die Geschichte einer Stadt, die sich hoffnungslos verschätzt hat.

Die Stadtherren von Dongsheng, einer Groß-stadt im Norden Chinas, wähnten sich am Beginn einer goldenen Zukunft: Im Jahr 2000 wurden in der Nähe der Stadt riesige Kohle- und Gas-vorkommen entdeckt. Um des erwarteten Zu-stroms neuer Bewohner Herr zu werden, schuf man ein neues Stadt-viertel für eine Million Einwohner: New Ordos sollte so etwas werden wie das Dubai des Fernen Ostens. Innerhalb weniger Jahre entstanden Wolken-kratzer, Einkaufszentren, Ho-telkomplexe und Boulevards. Doch kaum jemand kam. Heute leben nur etwa 5000 Menschen in New Ordos; die Straßen sind leer, die Geschäfte verwaist. Fast alle Menschen, die dort leben, sind entweder in der Verwal-tung von New Ordos beschäftigt oder Wander-arbeiter, die auf den Baustellen schuften. Was war passiert? Was war schiefgegangen?

Da man New Ordos für eine »boom town« hielt, hatte man offenbar weit überhöhte Immobilienpreise angesetzt. Die Käufer blieben aus, und wer dort doch Wohnraum erwarb, betrachtete dies eher als Investition. Eine schlechte Idee, wie sich heraus-stellen sollte, denn nach wenigen Jahren rasten die Immobilienpreise in New Ordos in den Keller; die Investoren verloren den Großteil ihres Geldes. Durch die nun niedrigeren Preise zogen schließlich doch einige Menschen in die Planstadt, doch noch immer wirkt sie wie eine Geisterstadt – obwohl sie erst gute zehn Jahre existiert.

Die LETZTEN MYSTERIEN

Die Wissenschaft leistet ganze Arbeit: Über fast alle Winkel, nahezu jedes Phänomen auf der Welt wissen wir Bescheid. Dennoch gibt es sie nach wie vor – Orte, Bauwerke oder Ereignisse, die wir uns auch heute nicht erklären können. Dies sind die letzten Geheimnisse der Welt.

KOPF AUS KALKSTEIN, AUGEN AUS BERGKRISTALL: DIE BÜSTE VON NOFRETETE

DAS TAL DER KÖNIGE: HIER LIEGT DAS GRAB VON ECHNATON. DOCH WO IST NOFRETETE?

ECHNATON UND NOFRETETE: DAS BERÜHMTESTE HERRSCHERPAAR DES ALTEN ÄGYPTENS

NOFRETETE:
Die verschwundene Königin

Sie war eine der schillerndsten Figuren des alten Ägyptens: Nofretete, Gemahlin von König Echnaton im 14. Jahrhundert v. Chr., war wesentlich mehr als eine First Lady. Sie war ihrem Gemahl gleichgestellt, regierte das Reich ebenso wie er. Ihr Leben als Regentin ist bestens dokumentiert: Alte Steinzeichnungen zeigen sie und ihren Mann sogar im privaten Umfeld. Andere zeigen sie bei kultischen Handlungen und im Kampf. Ihre Büste gehört zu den berühmtesten Kunstwerken des alten Ägyptens. Sie zeigt Nofretete als wunderschöne Frau mit ruhigem, weisem Gesichtsausdruck.

Doch so bekannt ihr Leben als Regentin ist, so geheimnisvoll sind ihre Kindheit und ihre letzten Jahre. An der Frage, woher die schöne Königin kam, beißen sich Historiker die Zähne aus. Ihr Name bedeutet »die Schöne ist gekommen«, was lange als Hinweis auf eine fremdländische Herkunft Nofretetes gedeutet wurde. Beweise dafür gibt es nicht.

Noch geheimnisvoller sind Nofretetes letzte Jahre. Die Dokumentation ihres Lebens als Herrscherin endet abrupt. Plötzlich verschwand sie aus allen Darstellungen. Ihr Grab wurde nie gefunden, was Raum für Spekulationen lässt: Wurde Nofretete verstoßen? Oder hat sie Echnaton gar überlebt und seine Nachfolge angetreten? Einerseits spricht ihr plötzliches Verschwinden dafür, dass sie die Gunst des Königs verspielt haben könnte. Andererseits war es damals üblich, dass Pharaonen sich einen Thronnamen gaben, Nofretete hätte also seine Nachfolgerin sein können. Echnatons direkter Nachfolger ist unbekannt. Es gab einen König Semanchkare, der etwa zu jener Zeit gelebt haben muss, über den man kaum etwas weiß. War Semanchkare vielleicht eine Königin, nämlich Nofretete?

Auch Nofretetes Grab ist nach wie vor unbekannt, ihre Mumie wurde nie gefunden. So bleibt Nofretete ein Mysterium: eine Frau, die aus dem Nichts erschien, zur strahlenden Königin aufstieg und im Nichts verschwand.

PFLANZEN, STERNE, DIAGRAMME: WELCHE GEHEIMNISSE BEWAHRT DAS VOYNICH-MANUSKRIPT?

DAS VOYNICH-MANUSKRIPT:
Geheimwissen oder Fake?

Im Jahr 1912 erwarb der Londoner Antiquar Wilfrid Michael Voynich ein Manuskript aus dem 15. Jahrhundert. Es besteht aus mehr als 100 Blättern Papier voller Text und Illustrationen. Bis heute weiß niemand, was sie bedeuten.

Weder die Schrift noch die Sprache sind bekannt, offensichtlich ist der Text kodiert. Die Illustrationen zeigen teils Pflanzen, teils Planeten, dann wieder nackte Frauen, in Becken oder Wannen sitzend, die durch Röhren verbunden sind. Auch wird das Manuskript durch die Illustrationen in verschiedene Abschnitte gegliedert. Ein Großteil beschäftigt sich mit Pflanzen und Kräutern. Zur Zeit der Entstehung des Manuskripts beruhte die Medizin vor allem auf Pflanzenheilkunde und Astrologie. Handelt es sich also um ein medizinisches Lehrbuch? Nur: Warum hat man den Text kodiert?

Am Text hat sich bereits William Friedman versucht. Er war Leiter des amerikanischen Geheimdienstes Signals Intelligence Service und Mitte des 20. Jahrhunderts der führende Entschlüsselungsexperte der Welt. Doch auch er scheiterte.

Die Unmöglichkeit, das Manuskript zu entschlüsseln, führte bereits zu einer weiteren Annahme: Es sei nicht entschlüsselbar, weil es gar nicht verschlüsselt ist, sondern nur reine Fiktion, geschrieben von jemandem, der sich erhoffte, das mysteriöse Werk dann teuer verkaufen zu können. Hierfür spricht, dass viele der Illustrationen keine Entsprechung in der Natur haben.

Auch Wilfrid Michael Voynich selbst wurde verdächtigt, das Manuskript eigenhändig angefertigt zu haben, um es zu Geld zu machen. Doch Voynich behielt es bis zu seinem Tod 1930 in seinem Besitz. Zu seiner Entlastung trägt auch eine der wenigen gesicherten Erkenntnisse bei: Das Pergament, auf dem es geschrieben ist, stammt tatsächlich aus dem 15. Jahrhundert.

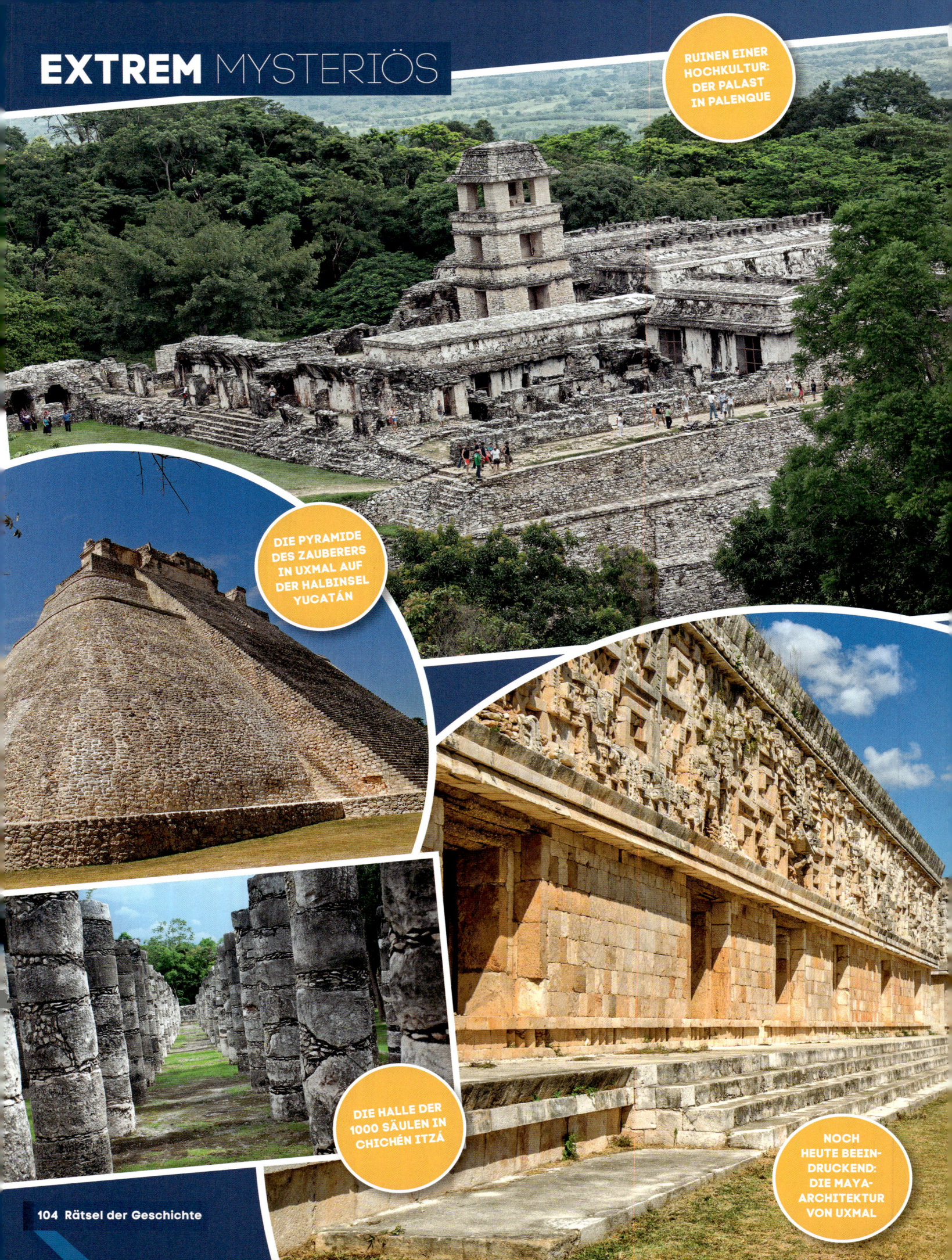

RUINEN EINER HOCHKULTUR: DER PALAST IN PALENQUE

DIE PYRAMIDE DES ZAUBERERS IN UXMAL AUF DER HALBINSEL YUCATÁN

DIE HALLE DER 1000 SÄULEN IN CHICHÉN ITZÁ

NOCH HEUTE BEEINDRUCKEND: DIE MAYA-ARCHITEKTUR VON UXMAL

Der Untergang der MAYA

Fast 3000 Jahre lang waren die Maya das prägende Volk Mittelamerikas. Bereits Jahrhunderte vor unserer Zeitrechnung lebten sie in Städten mit hoch entwickelter Infrastruktur. Die Maya entwickelten eine eigene Schrift, einen eigenen Kalender und ein funktionierendes Wirtschaftssystem.

Dann ging es bergab. Bereits im 8. Jahrhundert verließen die Maya die ersten Städte im Süden Yucatáns. Mitte des 16. Jahrhunderts hatten die spanischen Eroberer die Kontrolle über Yucatán erlangt, womit das Ende der Maya-Vorherrschaft besiegelt war.

Bis heute ist nicht geklärt, was zum Niedergang der Maya führte. Wurden ihre Städte von den Tolteken erobert, einem Volk, das zwischen dem 10. und 12. Jahrhundert das Zentrum des heutigen Mexikos beherrschen sollte? Es gibt durchaus sichtbare Hinweise auf toltekischen Einfluss in der späten Architektur einiger Maya-Städte. Auf eine Eroberung deutet dies aber nach Meinung von Historikern nicht hin. Eine andere Theorie nimmt an, die Landbevölkerung hätte sich gegen die Herrscher in den Städten aufgelehnt. Auch hierfür gibt es keine Belege. Begingen die Maya den Fehler, ihre landwirtschaftlichen Nutzflächen zu erschöpfen und das Großwild in ihrem Gebiet bis zur Ausrottung zu bejagen? Das ist denkbar, jedoch unwahrscheinlich, denn hierfür waren die Maya zu erfahren auf diesen Gebieten.

Bewiesen ist immer noch nichts, doch deuten neueste Forschungen an, die Maya könnten einer lang anhaltenden Dürre zum Opfer gefallen sein. Die resultierende Nahrungsmittelknappheit führte dazu, dass die Völker gegen ihre Gottkönige rebellierten, denn diese sorgten schließlich nicht mehr für ausreichend Essen. Herrscher wurden abgesetzt, die Maya waren zunehmend führungslos, niemand kümmerte sich mehr darum, ausreichend Spezialisten, etwa für die Brandrodung, auszubilden. So versank ein einst stolzes Volk zunehmend im Chaos.

Doch selbst Jahrhunderte nach dem Ende ihrer Hochkultur waren die Maya immer noch ein stolzes, zähes Volk: Die spanischen Eroberer brauchten 170 Jahre, bis sie die Herrschaft über die letzten Mayagebiete errungen hatten.

STOLZE 100 METER LANG: DER GOUVERNEURS-PALAST VON UXMAL

HATTUSA: HEUTE EIN RUINENFELD, EINST STOLZE HAUPTSTADT DER HETHITER

DIE MINOER WAREN MEISTER DER TÖPFEREI

IN KNOSSOS ERRICHTETEN DIE MINOER PRACHTVOLLE TEMPEL

1200 VOR CHRISTUS:
Untergang der Hochkulturen

Ab etwa 2000 vor Christus existierten am Mittelmeer hoch entwickelte Kulturen: In der heutigen Türkei herrschten die Hethiter, am Isthmus von Korinth florierte Mykene, auf Kreta lebten die Minoer, die älteste Hochkultur Europas. Sie lebten in Städten, bauten Tempel, entwickelten eigene Kunstformen. Die Hethiter führten Handel mit Ägypten. Auf ihrer Handelsroute an der östlichen Mittelmeerküste florierte das Reich Kanaan.

In allen Kulturen brannten Ende des 13. Jahrhunderts vor Christus etwa zeitgleich die Tempel. In nur 50 Jahren verschwanden vier Hochkulturen. Es sollte Jahrhunderte dauern, bis die Nachkommen wieder große Gebäude bauen konnten, bis sie wieder ihre Geschichte niederschrieben. Was war passiert?

Die Minoer auf Kreta hinterließen Hinweise: Sie zogen aus ihren Städten an der Küste in das Innere der Insel, in die kargen Bergregionen. Doch über den Grund hierfür gibt es nur Spekulationen: Eine Serie von Erdbeben könnte die Reiche erschüttert haben. Hierfür sprechen die Brandschäden an vielen Gebäuden, offene Feuer könnten auf Gebäude übergesprungen sein. Nur: Erdbeben sind momentane Ereignisse, danach herrscht wieder Ruhe. Man sollte erwarten, dass die Menschen ihre Städte anschließend wieder aufbauten.

Einen anderen Hinweis liefern ägyptische Aufzeichnungen: In ihnen ist von Seevölkern die Rede, die Küstenstädte von ihren Schiffen aus angriffen. Die Bergsiedlungen von Kreta sprechen für die Theorie fremder Angreifer, denn die hochgelegenen Orte ließen sich gut verteidigen. Hierhin sind die Menschen offenbar geflohen, nachdem sie ihre ungeschützten Städte an der Küste aufgeben mussten. Völlig offen ist aber die Frage, woher diese Seevölker ursprünglich kamen. Verschiedene Theorien sehen in ihnen Sarden, Sizilianer oder Völker aus dem heutigen Italien, Griechenland oder Syrien.

Tatsächlich ist die Theorie der kriegerischen Seevölker die wahrscheinlichste. Vermutlich handelte es sich um Stämme aus verschiedenen Gegenden, die sich für große Angriffe zu einer Streitmacht zusammenschlossen. Doch auch wenn die Seevölker das Ende der Hochkulturen der Bronzezeit erklären können – ihre eigene Herkunft bleibt mysteriös.

VERLORENE ORTE

Unter Asche begraben, von Baggern vernichtet oder einfach nur über Nacht vergessen – überall gibt es Orte, die einst dicht bewohnt waren und von denen heute nur noch Ruinen übrig sind. Galileo hat sie besucht und erzählt die Geschichten von den verlorenen Orten der Welt.

Südgeorgien GRYTVIKEN: Shackletons unglaubliche Reise

Gemütlich ist es auf Südgeorgien nicht. Die Insel liegt unweit der Antarktis. An der Südküste peitschen eisige Winde, nur die Nordküste genießt ein milderes Klima. Hier leben Pinguine, Robben und Seeelefanten. Vor 100 Jahren aber war Grytviken, der Hauptort der Insel, eine belebte Walfangstation. Damals war Grytviken Ausgangspunkt einer dramatischen Rettungsaktion: Der britische Entdecker Ernest Shackleton geriet im Jahr 1915 mit seinem Schiff *Endurance* vor der Antarktis ins Packeis und musste es aufgeben. Auf einer Eisscholle trieben er und seine Männer zwei Monate lang über das Meer, bis sie auf Elephant Island angespült wurden, 600 Kilometer von ihrem Ausgangspunkt entfernt. Auch hier gab es keine Aussicht auf Rettung, die Insel liegt fern jeder Schifffahrtsroute, und das Klima ist mörderisch. In einem mitgebrachten Rettungsboot der *Endurance* brachen Shackleton und fünf seiner Männer auf. 16 Tage lang ruderten sie durch die stürmische See, dann erblickten sie die Südküste von Südgeorgien. Nun galt es, über schroffes Gebirge die Nordküste zu erreichen, was zuvor noch niemandem gelungen war. Auch dies überstanden die Männer, und so konnte Shackleton von Grytviken aus die Rettung seiner Mannschaft organisieren. Todesopfer: keine. Seit den 1960er-Jahren ist Grytviken fast unbewohnt, nur ein Museum und die Kirche sind in Betrieb. Hin und wieder landen Passagiere von Kreuzfahrtschiffen an, und ihr Weg führt stets an dasselbe Ziel: das Grab von Ernest Shackleton.

USA **CENTRALIA:** die brennende Stadt

Der Memorial Day ist in den USA ein wichtiger Feiertag. Bei den Festivitäten im Jahr 1962 wollte die Kleinstadt Centralia sich im besten Glanz zeigen und beauftragte die Feuerwehr, die Mülldeponie der Stadt aufzuräumen. Die wiederum zündete den dort lagernden Müll der Einfachheit halber an. Doch die Deponie lag in einem ehemaligen Kohletagebau. Die restliche Kohle entzündete sich – und von dort aus gelangte das Feuer durch Risse unter die Erde und breitete sich sich unter der Stadt aus. So begann der endgültige Niedergang Centralias: Die ersten Familien zogen fort, gleichzeitig trat an immer neuen Stellen heißer, giftiger Dampf aus der Erde. Häuser verfielen und wurden abgerissen, die Menschen zogen fort. Heute erinnert so gut wie nichts mehr an die einst so gemütliche Kleinstadt. So gut wie alle Häuser sind verschwunden. Diejenigen, die nicht abgerissen wurden, hat die Natur zurückerobert. Dort, wo die giftigen Gase nicht hingelangen, entsteht neuer Wald. Die Landstraße 61, die durch die Überbleibsel von Centralia verläuft, ist durch viele Risse in der Fahrbahn unpassierbar. Nur die vier Friedhöfe von Centralia werden nach wie vor durch die ehemaligen Bewohner gepflegt, so gut es geht. Wo der Tod aus dem Boden strömt, sollen sich zumindest die Toten wohlfühlen.

USA **AMBOY:** was von Route 66 übrig blieb

Einst war Amboy ein lebendiger Ort. Er liegt an der Route 66, der einstigen inoffiziellen Hauptstraße Amerikas. Hier befanden sich eine Tankstelle, ein Café und ein Motel, ringsherum gibt es viele Meilen weit nichts als Wüste. Wer die Route 66 entlangfuhr, hielt hier nahezu zwangsläufig an. Der Ort besaß eine Kirche und ein Postamt, obwohl er nur 65 Einwohner hatte. Nahezu alles gehörte einem Mann: Herman »Buster« Burris, Besitzer von Tankstelle, Motel und Café. Im Jahr 1973 war alles vorbei. Nördlich von Amboy wurde ein breiter Highway fertiggestellt, über den Autofahrer schneller ans Ziel kamen. Die Route 66 war nicht mehr gefragt, Amboy verwaiste. 1995 verkaufte Buster Burris Amboy schließlich und zog fort. Hin und wieder kamen Filmcrews hierher, die die moderne Geisterstadt als Kulisse nutzten. Heute ist zwar die Tankstelle wieder in Betrieb, doch nur wenige Touristen kommen vorbei. Immerhin gehören zu den Besuchern auch die Filmstars Harrison Ford und Anthony Hopkins, die die eigentümliche Atmosphäre Amboys genießen.

EXTREM MYSTERIÖS

Ukraine PRYPJAT: jähes Ende einer kurzen Blüte

Nur 16 Jahre lang existierte die Stadt Prypjat in der nördlichen Ukraine, nahe der Grenze zu Weißrussland. 1970 wurde sie gegründet und entwickelte sich schnell zu einer jungen, lebendigen und sogar recht wohlhabenden Gemeinde. Es gab Restaurants, ein Kino, Schwimmbäder und andere Annehmlichkeiten, die in der sowjetischen Ukraine nicht selbstverständlich waren. Binnen weniger Jahre stieg die Einwohnerzahl auf 50 000 an. Der Grund hierfür lag im nahe gelegenen Atomkraftwerk, dem ersten der Ukraine. Prypjat war als Wohnort für dessen Arbeiter geplant und gebaut worden. Zu ihrer Unterhaltung wurde sogar ein großer Rummelplatz gebaut, seine Eröffnung war für den 1. Mai 1986 angesetzt. Es kam nicht mehr dazu.

Am 26. April 1986 ereignete sich in dem Atomkraftwerk, das den schnellen Aufstieg Prypjats begünstigt hatte, die Katastrophe: Reaktor 4 des Kernkraftwerks Tschernobyl explodierte, die Gegend um Prypjat wurde stark radioaktiv verseucht. Am Tag nach der Katastrophe wurde die Stadt evakuiert. Drei Tage lang würden die Einwohner woanders untergebracht, hieß es, dann könnten sie alle wieder heimkehren. Sie hinterließen nahezu ihr gesamtes Hab und Gut – und kehrten nie zurück. Heute ist Prypjat eine der unheimlichsten Geisterstädte überhaupt: In einer Stadt, deren Gebäude nach und nach verfallen, finden sich noch Tausende Zeugnisse des Alltagslebens in der Ukraine der Achtziger. In verlassenen Wohnungen liegt noch Spielzeug, auf den Straßen stehen noch die Dreiräder der Kinder, die hier einst lebten. Und das Riesenrad des nie eröffneten Rummelplatzes, als Ort des Vergnügens geplant, thront nun als Mahnmal der Katastrophe über der Stadt.

Japan HASHIMA: die Geisterinsel

Einige Kilometer vor der japanischen Großstadt Nagasaki liegt eine Insel, die einst zu den am dichtesten besiedelten Gebieten der Welt gehörte. Auf einer Fläche, die nur etwas mehr als zehn Fußballfeldern entspricht, lebten über 5000 Menschen. Zwischen 1887 und 1974 diente Hashima dem unterseeischen Kohleabbau, es gab ein Schwimmbad, Tempel, eine Polizeiwache und sogar ein Bordell. Dennoch war es alles andere als angenehm, hier zu leben, Familien wohnten auf nur 20 Quadratmetern. Dann ging die Zeit der Kohle als wichtigstem Energielieferanten zu Ende. Hashima wurde aufgegeben. Nahezu über Nacht zogen sämtliche Einwohner fort; die auf der Insel erbaute Stadt begann zu verfallen.

Heute ist Hashima eine moderne Ruine. In den Straßen sammelt sich Schutt. Viele Gebäude sind unter dem Einfluss von Zeit und Witterung bereits eingestürzt, andere stehen kurz vor dem Zusammenbruch. Die morbide Atmosphäre der Insel – Hashima sieht aus wie nach einem Krieg – diente unter anderem als Inspiration für den Unterschlupf des Schurken Raoul Silva im James-Bond-Film *Skyfall*. Zwar wurden die entsprechenden Szenen nicht auf der Insel gedreht, das Aussehen der Insel jedoch mittels Computertechnik nachempfunden. Über viele Jahre hinweg war das Betreten der Insel verboten, mittlerweile können Besucher wieder einen Teil der Insel erkunden.

Deutschland OLYMPISCHES DORF BERLIN:
Hitlers Propaganda-Ruine

Bevor Adolf Hitler im Jahr 1936 die Olympischen Spiele in Berlin eröffnete, ließ er vor den Toren der Hauptstadt, am Rande der brandenburgischen Gemeinde Elstal, ein olympisches Dorf für bis zu 5000 Athleten errichten. Es war das erste olympische Dorf, das in massiver Bauweise errichtet wurde – da das NS-Regime plante, die Gebäude nach den Spielen für militärische Zwecke zu nutzen. Der Komfort und die Trainingsmöglichkeiten, die das Dorf bot, waren für damalige Verhältnisse sensationell: Das Dorf verfügte über eine Turnhalle, ein Schwimmbad und sogar das »Speisehaus der Nationen«, in dem jede teilnehmende Nation von einem eigenen Koch bewirtet wurde. Nach Kriegsende allerdings wurden die Gebäude sich selbst überlassen, heute steht nur noch jedes fünfte Gebäude. Eine Stiftung versucht inzwischen, die verbliebenen Häuser, darunter die Turnhalle und das Schwimmbad, zu erhalten und daraus ein Museum zu machen.

England MAUNSELL FORTS:
Englands vergessene Festungen

Im Jahr 1942 versuchte die britische Armee, England vor deutschen Luftangriffen zu schützen. Auf einer Sandbank, 14 Kilometer vor der Mündung zur Themse, errichtete sie hierfür eine hochmoderne Seefestung aus sieben Türmen, auf der über 100 Soldaten stationiert waren. Nach dem Krieg verlor die Seefestung ihren Nutzen, die Türme rosteten vor sich hin. Auch an anderen Orten vor der englischen Ostküste standen derartige Festungen, die aber heute durch Stürme und Schiffskollisionen weitgehend zerstört sind. Die Maunsell Forts indes stehen noch, sind aber schwer einsturzgefährdet. Niemand darf sie betreten – bis auf die Mitglieder des »Project Redsand«. Diese Gruppe von Freiwilligen hat es sich zur Aufgabe gemacht, diese rostigen Zeugen des Zweiten Weltkriegs zu erhalten. Sie besuchen die Türme oft, tragen Rost ab und versuchen, den weiteren Verfall aufzuhalten. Und sie wissen selbst nur zu gut, dass sie sich angesichts der sieben Türme auf eine nahezu unlösbare Aufgabe eingelassen haben.

Namibia KOLMANSKOP: Spuren im Sand

Kniehoch steht der Sand in den Häusern, deren Zimmer noch eingerichtet sind. Es ist, als hätten die Menschen diesen Ort fluchtartig verlassen. Dabei hatte es die Bevölkerung, als sie Kolmanskop in der Wüste Namib verließ, nicht eilig. Sie hatte es allerdings auch nicht nötig, ihr Hab und Gut zusammenzukratzen. Denn die Menschen von Kolmanskop waren reich. Gegründet wurde die Stadt im Jahr 1908 durch deutsche Kolonialherren, nachdem in der Gegend Diamanten gefunden worden waren. Binnen weniger Jahre entstanden in der Wüste Wohnhäuser, eine Schule, Geschäfte, ein Theater, eine Kegelbahn und ein Krankenhaus. Dessen Röntgengerät war das erste auf der Südhalbkugel, die errichtete Straßenbahn die erste Afrikas. Wasser und Lebensmittel wurden aus dem 1000 Kilometer entfernten Kapstadt beschafft, Möbel und andere Luxusgüter gar aus Deutschland. Ein Problem stellte dies nicht dar, Geld war im Überfluss vorhanden.

Gute 20 Jahre nach der Gründung von Kolmanskop allerdings war die Diamantenmine bereits erschöpft. Als weiter im Süden neue Minen entdeckt wurden, zogen die ersten Bewohner dorthin, das kleine Paradies begann auszusterben. Langsam eroberte die Wüste den Ort zurück. Stürme wehten Sand in die leeren Häuser, irgendwann schlossen das Krankenhaus, die Schule, die Kegelbahn. Im Jahr 1960 zog der letzte Bewohner fort. Einige der aus Stein errichteten Herrenhäuser trotzen der feindseligen Witterung bis heute und stehen nahezu unbeschädigt im Sand.

Karibik MONTSERRAT:
Insel unter Asche

Bis 1995 war Montserrat eine karibische Idylle: Fast 12 000 Menschen lebten hier, mehr als ein Viertel von ihnen in der Hauptstadt Plymouth. An den Vulkan Soufrière Hills in der Nähe hatte man sich gewöhnt, sein letzter großer Ausbruch lag 20 000 Jahre zurück. Doch am 18. Juli 1995 passierte es: Soufrière Hills brach erneut aus, auch während der folgenden Monate kam der Vulkan nicht zur Ruhe. Asche ergoss sich über die Insel, weite Areale wurden durch glühende Lavaströme vernichtet. Zwei Jahre nach dem ersten Ausbruch machte schließlich eine starke Eruption die südliche Hälfte der Insel unbewohnbar. Lava und Asche zerstörten Plymouth, das komplett evakuiert wurde. Allerdings hatten die Menschen noch Glück im Unglück: Die Zerstörung breitete sich langsam aus, die Vorwarnzeit war lang, sodass es kaum Todesopfer gab. Einige Bauern jedoch, die sich geweigert hatten, ihre Felder zu verlassen, kamen in der Lava um. Heute ist nur noch das nördliche Drittel der Insel bevölkert, und nach wie vor kommt der Vulkan nicht zur Ruhe. Immer wieder speit er Asche und Lava in die Luft, das südliche Montserrat wird noch für sehr lange Zeit verlassen bleiben. Die meisten Bewohner der vernichteten Gebiete sind auf die benachbarte Insel Antigua oder nach Großbritannien gezogen. Und Plymouth wird noch sehr lange einer Szene aus einem Katastrophenfilm gleichen.

Französisch-Guayana DIE TEUFELSINSEL: der berüchtigtste Knast der Welt

Papillon ist wohl der berühmteste Film des legendären Steve McQueen. Darin spielt der Schauspieler einen Gefangenen, der in einer Strafkolonie gequält und zermürbt wird, am Ende aber doch fliehen kann. Schauplatz des Dramas ist die Teufelsinsel vor der Küste von Französisch-Guayana. Hier befand sich von 1852 bis 1953 eine Strafkolonie für Schwerkriminelle, von der zu fliehen kaum möglich war: Bis zur Küste sind es etwa 15 Kilometer – viel zu weit, um aus eigener Kraft dorthin zu gelangen. Dennoch gelang es einigen Gefangenen, die Flucht zu überleben. Der berühmteste von ihnen ist Henri Charrière, genannt »Papillon«. Heute macht die Teufelsinsel schon fast einen idyllischen Eindruck: Einige der Hütten, in denen die Gefangenen lebten, wurden restauriert und ein kleiner Hafen eingerichtet, in dem die Insel jährlich etwa 50 000 Besucher empfängt. Dennoch strahlt eines der brutalsten Gefängnisse der jüngeren Geschichte auch heute noch eine unheimliche Atmosphäre aus.

Deutschland OTZENRATH: das verschwundene Dorf

Etwa 1500 Menschen lebten noch vor 15 Jahren im Dorf Otzenrath im rheinischen Braunkohlerevier. Heute ist der Ort nicht nur verlassen, sondern verschwunden. Schon in den 1980er-Jahren des letzten Jahrhunderts gab es erste Pläne, die Bewohner umzusiedeln, um Otzenrath abzureißen und dort Braunkohle abzubauen, doch Proteste und Prozesse konnten das Ende des Dorfes hinauszögern. Ab dem Jahr 2000 jedoch war das Schicksal des Ortes besiegelt: Die meisten Einwohner wurden in das neu erbaute Neu-Otzenrath umgesiedelt, und die Bagger rückten an. Seit dem Jahr 2010 ist vom ehemaligen Dorf nichts mehr zu sehen: Dort, wo es einst Häuser, zwei Kirchen und sogar einen Ritterhof aus dem 13. Jahrhundert gab, befindet sich heute nur noch ein gigantisches Loch, aus dem Braunkohle gewonnen wird. Fast ein Jahrtausend menschlicher Besiedlung ist in diesem Loch verschwunden.

Norwegen PYRAMIDEN:
die nördlichste Geisterstadt der Welt

Auf der Insel Spitzbergen, im Arktischen Ozean weit nördlich des norwegischen Festlandes, befand sich einst die nördlichste Siedlung der Welt: In dem Ort Pyramiden lebten bis zu 1000 Menschen. Seit 1910 wurde hier Kohle abgebaut, erst durch Schweden, dann durch das russische Unternehmen Trust Arktikugol. Im Jahr 1998 wurde Pyramiden zugunsten der ebenfalls auf Spitzbergen gelegenen Siedlung Barentsburg aufgegeben.

Viele der Gebäude in Pyramiden zeigen bereits Zeichen des Verfalls, und selbst in diesem hintersten Winkel der Erde trugen Vandalismus und Plünderungen zur Zerstörung der Gebäude bei. Doch seit 2007 betreibt Trust Arktikugol wieder das Hotel Tulip in Pyramiden, und Besucher können einige der besser erhaltenen Gebäude besichtigen. Sie erleben einen Ort, aus dem die Menschen urplötzlich verschwunden zu sein scheinen. Noch immer stehen Zehntausende Bücher in der Bibliothek des Kulturpalastes, in dessen Ballsaal ein Flügel und mehrere Balalaikas die Zeit überdauert haben. Die meisten Gebäude des Ortes sind jedoch verriegelt, das Eindringen ist strafbar. Welche Zeugen des sowjetischen Lebens weit nördlich des Polarkreises sie noch beheimaten, bleibt ihr Geheimnis.

Zypern VAROSHA: Spielball der Mächte

Im Nordosten Zyperns, unmittelbar neben der Stadt Famagusta, befand sich einst eine der modernsten Touristenstädte der Welt. Schön war sie nie, wie die meisten dieser Siedlungen mit ihren Hotelburgen nicht schön sind. Doch von 1970 bis 1974 gehörte sie zu den berühmtesten Touristenzielen der Welt, hier residierten Brigitte Bardot, Richard Burton und Elizabeth Taylor. An der John F. Kennedy Avenue reihten sich berühmte Hotels aneinander: das King George, das Asterias, das Florida.

Dann, am 15. Juli 1974, mitten in der Hauptsaison, begann der Zypernkonflikt. Gemeinsam mit der griechischen Armee putschte die zyprische Nationalgarde gegen den Präsidenten Makarios, als direkte Konsequenz schickte auch die Türkei Truppen und besetzte den Norden der Insel. Varosha wurde zum Sperrgebiet erklärt und geräumt. Seitdem stehen die Hotels leer. 40 Jahre Leerstand hinterlassen ihre Spuren: Metall rostet, Pflanzen bohren ihre Wurzeln in die Gemäuer, viele der Hotels sind bereits einsturzgefährdet. Bei den Autohändlern Varoshas stehen immer noch Neuwagen aus dem Jahr 1974. Dieses unfreiwillige Automuseum zu besichtigen ist jedoch so gut wie unmöglich: Varosha darf nur von Angehörigen des türkischen Militärs betreten werden.

Am Strand von Varosha, wo sich einst reiche Touristen sonnten, haben derweil Meeresschildkröten eine neue Brutstätte gefunden.

Galileo
EXTREM
SKURRIL

Die Menschen sind verrückt. Sie erfinden lebendige Zebrastreifen, spielen Ball mit einer toten Ziege oder stellen die Bibel in einem Freizeitpark nach. Maden sind zum Essen da, Tomaten zum Werfen. Weil man nicht genug bekommen kann von den Verrückten dieser Welt, geht Galileo auf eine Reise zu den unglaublichsten von ihnen.

DIE SELTSAMSTEN SIEDLUNGEN DER WELT

Würden Sie gern in einem Loch leben, das Sie selbst gegraben haben? Oder lieber zwischen Müllbergen? In einer Stadt, die auf versenkten Schiffen gebaut ist? Eher nicht? Tatsächlich gibt es Menschen, die genau dies tun. Galileo nimmt Sie mit zu den seltsamsten Siedlungen der Welt.

[USA]
MONOWI, NEBRASKA: Einwohner: 1

Einst war Monowi eine süße Kleinstadt mit 150 Einwohnern, doch dann erging es ihr wie vielen Orten, die in einsamen Gegenden liegen: Vor allem die jüngeren Einwohner zogen in größere Städte. Übrig blieb schließlich nur das Ehepaar Rudy und Elsie Eiler, und seit Rudy Eiler im Jahr 2004 starb, ist seine Witwe Elsie die einzige Einwohnerin Monowis. Einsam ist Elsie Eiler dennoch nicht: Sie führt eine Bücherei mit 5000 Büchern und betreibt sogar ein Restaurant. Hierbei kommt es ihr zugute, dass sie als einzige Einwohnerin auch Bürgermeisterin Monowis ist: Die Lizenz zum Alkoholausschank konnte sie sich selbst ausstellen, und auch die Steuern für ihren Gastronomiebetrieb zahlt sie an sich selbst.

MONOWI, NEBRASKA
POPULATION 1 (2008)

ELSIE EILER
THE MAYOR

[China]
THAMES TOWN:
England in Fernost

Wer einmal auf einem Markt in China war, kennt die Imitate von Accessoires der Marken Fendi und Dolce & Gabbana, die man dort bekommt. In der Nähe von Schanghai ist nun gleich ein ganzes Dorf ein Imitat: Thames Town sieht aus wie eine englische Kleinstadt, auch ein Pub und ein Fish-and-Chips-Imbiss fehlen nicht. Doch allzu weit ist es mit der chinesischen Lust am Imitat wohl doch nicht her: Nach Thames Town gezogen ist seit der Fertigstellung 2006 kaum jemand.

[USA]
SLAB CITY: kein Wasser, kein Strom und jede Menge los

Mitten in der kalifornischen Wüste hat sich eine eigentümliche Gemeinde entwickelt: In den Ruinen einer aufgegebenen Armeebasis leben mehrere Hundert Rentner, meist in ihren Wohnmobilen, ohne jegliche Versorgung mit Strom und Wasser. Manch einen trieb die Armut hierher, andere der Wunsch nach Abgeschiedenheit. Gemeinsam schufen sie einen Ort, der so etwas wie ein Gesamtkunstwerk ist – und mittlerweile auch eine kleine Touristenattraktion.

[Australien]
COOBER PEDY: weißer Mann im Loch

Wenn jemand sagt: »Ich hause in einem Loch«, beschwert er sich meist über die Qualität seiner Wohnung. Im australischen Opalgräberdorf Coober Pedy ist das allerdings wörtlich gemeint: Im Sommer wird es hier unbarmherzig heiß, weshalb viele Menschen in eigens in den Felsen geschlagenen, kühlen Höhlen leben. Selbst Geschäfte und eine Kirche wurden hier tief ins Gestein geschlagen. Der Name der Kleinstadt leitet sich von der Sprache der Aborigines ab: »kupa-piti« bedeutet »weißer Mann im Loch«.

[Ägypten]
MANSHIYAT NASER: die Stadt im Müll

Offiziell gibt es diese Stadt gar nicht, dennoch hat sie 600 000 Einwohner: Manshiyat Naser entstand, weil dort der Müll aus dem nahe gelegenen Kairo gelagert wird. Die Menschen dort leben mit und vom Müll: Sie sorgen dafür, dass Kairos Abfall abtransportiert, getrennt und recycelt wird. Manche halten außerdem Schweine, die mit organischen Abfällen gefüttert und später verkauft werden – an koptische Christen, die auch einen Großteil der Einwohner von Manshiyat Naser bilden.

[Aserbaidschan]
NEFT DAŞLARI: die schwimmende Stadt

Alles begann mit einer Bohrinsel, die im Jahr 1948 vor der Küste der aserbaidschanischen Halbinsel Abşeron errichtet wurde. Um sie herum entstanden zehn Jahre später die ersten Anbauten, um weitere Arbeiter unterbringen zu können. Heute verfügt Neft Daşları über Geschäfte, Theater, einen Park und zwei Kraftwerke. 5000 Menschen leben hier, 300 Kilometer Straße durchziehen die Bohrinselstadt. 55 Kilometer von der Küste entfernt ist im Kaspischen Meer eine Stadt entstanden, deren Fundamente großenteils auf versenkten Schiffen ruhen.

Schwimmendes Schmuckstück

Auf dem Scharmützelsee südöstlich von Berlin hat sich Harald Busse seinen Traum gebaut: das einzige schwimmende Fachwerkhaus Europas. Nach einem Schlaganfall schwor der ehemalige Immobilienunternehmer dem Stress ab und entwarf das originelle Hausboot, auf dem er nun lebt. Nun wohnt er auf 40 Quadratmetern, wo er will. Trotzdem fehlt es seinem schwimmenden Paradies an nichts: Wohnküche, Bad, Schlafzimmer, Strandkorb und Schaukelstuhl: alles vorhanden. Selbst ein Kamin ist an Bord.

Klein, aber clever

Im Sommer 2011 ließ sich die Marketing-Expertin Christine Runge ihr neues Heim bauen: einen Wohnwagen. Auf nur 40 Quadratmetern fehlt ihr in ihrem mobilen Heim nichts, noch nicht einmal Platz: Die Möbel lassen sich aus den Wänden klappen, so nutzt sie den verfügbaren Raum optimal aus. Und das Beste: Wohnen kann sie nun, wo immer sie will.

DIE HÄUSER

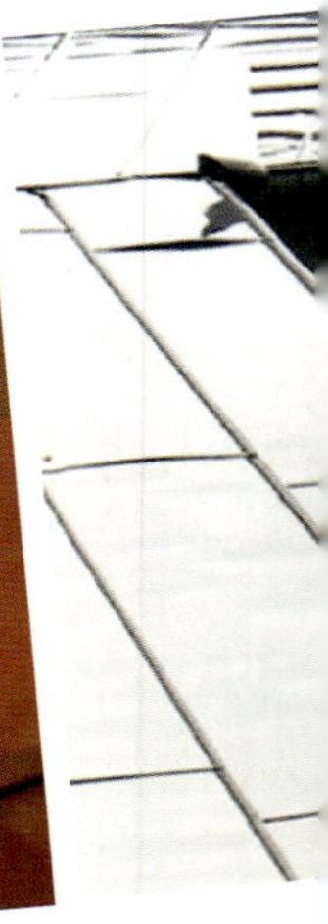

Das Kreuzberger Idyll

In Berlin-Kreuzberg, genau auf der ehemaligen innerdeutschen Grenze, baute sich Osman Kalin ein Baumhaus – nicht auf einem Baum, sondern um einen herum. Hier lag einst ein winziges Stück DDR westlich der Mauer, die nicht genau auf der Grenze verlief, und dies nutzte Kalin, um dort einen Schrebergarten samt Laube zu bauen. Heute nutzt sein Sohn Mehmet das Grundstück und verbringt dort seine Freizeit. Wohnen darf er dort jedoch nicht, denn noch immer gilt das Grundstück als Schrebergarten.

Schmalspurarchitektur

In der schleswig-holsteinischen Landeshauptstadt Kiel steht ein Haus, das einen eigenartigen Rekord hält: Es ist das schmalste Haus Deutschlands. Architekt Björn Siemsen hat es entworfen und lebt hier mit seiner Familie. Von vorne wirkt die Fassade noch ganz normal, doch nach hinten heraus ändert sich dies. Dort wurde das Haus zwischen zwei andere, bereits bestehende Häuser geklemmt – und hierbei blieben gerade einmal 78 Zentimeter Platz. Schmaler geht's wirklich nicht.

SKURRILSTEN DEUTSCHLANDS

Schaffe, schaffe, Häusle baue: Für 72 Prozent der Deutschen ist das Eigenheim der große Lebenstraum. Galileo hat die skurrilsten Häuser der Nation ausfindig gemacht.

Ein bewohnbares Kunstwerk

Jürgen Suberg ist Maler und Bildhauer. Seine Kunst stellt er nicht nur aus, er wohnt sogar in ihr. Mitten im beschaulichen Sauerland hat er ein Haus errichtet, das in der Gegend auffällt wie eine Giraffe im Streichelzoo. Seit zehn Jahren arbeitet Suberg schon an seinem Haus – fertig ist es noch lange nicht. Von außen erinnert die Form des Hauses an ein Zelt, innen wirkt der Treppenaufgang wie die Höhle eines Steinzeitmenschen. Kein Winkel, keine Ecke ist so, wie man es erwartet. Das mit Panoramafenstern verglaste Atelier im Dachgeschoss erlaubt den Blick auf die Konstruktion, die für die Statik des Hauses sorgt. Jürgen Suberg hat viel Liebe fürs Detail – und so gibt es auch in seinem Haus kaum einen Quadratzentimeter, der nicht zum Staunen einlädt.

Leben auf dem Bunker

Auf einem Flensburger Hochbunker aus dem Zweiten Weltkrieg schuf sich Architekt András Zsiray seine neue Heimat: ein Penthouse, elf Meter hoch gelegen und sonnendurchflutet, 220 Quadratmeter groß. Das Haus hat sogar einen Keller: Ende des Zweiten Weltkriegs sprengten die Alliierten ein Loch in die 3,6 Meter dicke Betondecke. Der Krater war für András Zsiray ideal. Durch einen neu eingezogenen Fußboden entstand sein Keller – und obendrauf sein Haus.

Ein Stück Mittelerde

Wie aus einem Fantasyfilm wirkt das Haus, das sich der Künstler Kurt Gminder im baden-württembergischen Nassach gebaut hat. Es besteht komplett aus Holzresten abgerissener Häuser. Seit 30 Jahren baut er an seinem Recycling-Haus. 300 Quadratmeter bietet es, auf der Südseite lässt eine Fassade aus alten Fenstern viel Licht herein. So bietet Gminders Haus nicht nur Kunst, sondern auch viel Luxus.

Die UNGEWÖHNLICHSTEN TAXIS der Welt

In Deutschland sind sie beige, in New York City gelb, in London schwarz: Fast überall auf der Welt erkennt man ein Taxi sofort. Doch es gibt Orte, an denen Taxis völlig anders aussehen als erwartet. Galileo hat die ungewöhnlichsten Taxis der Welt besucht.

DUBAI
Pretty in Pink

Dubai ist die Stadt des Luxus. Hochhäuser prägen das Stadtbild, überall in den Straßenschluchten fahren Taxis Geschäftsleute herum. Manche von ihnen sind besonders auffällig: Das Dach ist in Pink lackiert, auch die Fahrerin ist in Pink gekleidet. Richtig: die Fahrerin. Denn in der männlich dominierten Geschäftswelt von Dubai hat sich eine weibliche Branche etabliert: Frauentaxis werden nur von Frauen gefahren, auch die Fahrgäste sind rein weiblich. Männer dürfen nur mit, wenn sie von einer Frau begleitet werden. Das Geschäftsmodell funktioniert ausgezeichnet, denn auch in Dubai fühlen sich Frauen oft sicherer, wenn sie von einer Frau gefahren werden.

NEU-DELHI
Schneller, billiger, besser

In Neu-Delhi herrscht Verkehrschaos: Immer mehr Inder können sich ein Auto leisten – mit dem sie dann im Stau stehen. Deshalb sind hier Fahrradrikschas als Taxis sehr beliebt: Die ortskundigen Fahrer können andere Wege benutzen als ihre motorisierte Konkurrenz und bringen ihre Passagiere oft schneller zum Ziel als die Fahrer herkömmlicher Taxis. Günstiger ist die Fahrradriksha außerdem: Ein Kilometer kostet etwas mehr als drei Cent – ein Bruchteil dessen, was sonst fällig würde.

Einer wie keiner

In London ist die Ausbildung für Taxifahrer besser als anderswo auf der Welt. Die schwarzen Taxis sind ein Wahrzeichen der Stadt, und ihr Erscheinungsbild ist gesetzlich geregelt. Bis auf eine Ausnahme: Albert »Alf« Townsend steuert seit 45 Jahren ein dunkelgrünes Taxi durch Englands Hauptstadt. Der Grund: Alberts Taxilizenz ist älter als das Gesetz, das den Fahrern die Farbe ihrer Autos vorschreibt. So kann er selbst entscheiden – und macht sein Taxi zu einem bekannten Londoner Unikat.

THAILAND
Echt tierisch

Die Stadt Ayutthaya liegt südlich von Thailands Metropole Bangkok und ist die Heimat berühmter Tempelanlagen. Hier wirken auch die Mahuts – sozusagen besondere Taxifahrer, die ihre Fahrgäste nicht in Autos, sondern auf Elefanten durch Ayutthaya chauffieren. In einer speziellen Schule durchlaufen die Elefanten hierfür eine fünfjährige Ausbildung zum tierischen Taxi. Auf den Straßen sind die Elefanten dann gleichberechtigte Teilnehmer und müssen sich wie die Fahrzeuge an die Verkehrsregeln halten. Gelenkt wird ein Elefant übrigens mit dem Fuß: Ein kleiner Stupser hinter ein Ohr signalisiert dem Tier, in die entsprechende Richtung abzubiegen.

KAMBODSCHA
Bambus statt Polster

In den ländlichen Gegenden Kambodschas sind Autos eine Rarität, die meisten Menschen können sich keines leisten. Wer ein kleines Fahrzeug mit Pritsche besitzt, hat die Ladefläche meist voller Mitfahrer. In dieser Gegend hat sich eine Form des Taxis etabliert, die weltweit einzigartig ist: Die »Norrys« sind improvisierte Taxis auf Schienen, angetrieben meist durch das Aggregat einer Wasserpumpe; die Sitzflächen bestehen aus Bambus. Dass dieses Transportmittel derart erfolgreich ist, hat vor allem zwei Gründe: Die Straßen sind in der Region meist in sehr schlechtem Zustand, Züge fahren nur selten. Seinen Ursprung hat das Schienentaxi im kambodschanischen Bürgerkrieg: Damals wurden die Fahrzeuge für den Transport von Soldaten entwickelt. Heute, mehr als 30 Jahre nach dem blutigen Konflikt, haben sie einen wesentlich zivileren Zweck.

Die UNGLAUBLICHSTEN TRADITIONEN der Welt

Sie bewerfen sich mit Farben, rollen Käse einen Hang hinunter oder schmeißen eine Riesenparty für die Affen der Gegend: Menschen denken sich die wildesten Späße aus und wiederholen sie dann Jahr für Jahr. Galileo stellt die verrücktesten vor.

[USA]
BURNING MAN: die Wüste der Freaks

Tausende von Autos rollen durch die Black Rock Desert in Nevada. Ziel ist Black Rock City in einem ausgetrockneten Salzsee ungefähr 150 Kilometer nordöstlich von Reno. Black Rock City gibt es eigentlich gar nicht, aber einmal im Jahr hat es mehr als 50 000 Einwohner. Lauter Verrückte, Begeisterte, Freaks und Künstler kommen aus aller Welt. Es ist eine Art Woodstock der Kunst mitten in der Wüste, eine Parallelwelt mit seltsamen Kunstwerken. Großformatigen, die mitten im Sand stehen und nachts bunte Lichter in die Einöde zeichnen. Und solchen auf zwei Beinen. Unterwegs in schillernd bunten Kostümen auf Fahrrädern, in fantasyfilmartigen Vehikeln oder eben zu Fuß. Bis auf das Eintrittsgeld von etwa 250 Dollar ist das Burning Man Festival konsumfrei: lediglich Kaffee und Eiswürfel werden verkauft. Manche kommen, um ihre Installationen zu zeigen, andere treten auf den Bühnen auf, jeder darf, keiner muss. Die Anreise ist mühsam, und acht Tage Wüstenleben sind eine logistische Herausforderung, da es keine Geschäfte in der Nähe gibt. Man ist auf Nachbarschaftshilfe angewiesen. Die einen verteilen Tequila, die anderen Kuchen und Wasser. Alle Niedertracht scheint ausgehebelt. Wenn man sich diese Menschen anschaut, bunt bemalt oder grotesk behütet, halbnackt oder im Glitzerkleid, dann hat nur noch eins Platz: die Freude darüber, dass so etwas Verrücktes möglich ist.

[Mexiko]
DANZA DEL VOLADOR:
fliegen für Fruchtbarkeit

Was aussieht wie ein menschliches Kettenkarussell ist ein Ritual zu Ehren der Fruchtbarkeitsgötter Tlazoltéotldes und Xipe Totec. Wer der Fruchtbarkeitsgötter spielen möchte, muss dabei einen der vier Winde oder die Sonne spielen möchte, muss schwindelfrei sein. Mittlerweile ist das quasi ein Beruf. Denn die Voladores sind nicht mehr bloß junge Männer zwischen 20 und 25 Jahren, viele sind gewerkschaftlich organisiert und halten gegen Pesos die Tradition für Touristen aufrecht. Ein Stamm wird mit vier Seilen versehen und kerzengerade aufgestellt. Dann geht's richtig los: Fünf Männer tanzen in roten Hosen, weißen Hemden und mit Federschmuck auf dem Kopf auf den Stamm zu, vier von ihnen binden sich die Seile um ein Bein, klettern nach oben und lassen sich, begleitet vom Flötenspiel des fünften, der auf der Spitze steht, kreisend kopfüber nach unten fallen. Ist ein bisschen wie Bungee-Jumping mit unfassbarem Drehwurm. Die Seillänge muss genau berechnet sein, damit die Voladores exakt 13 Umdrehungen schaffen. Das ist Tradition seit etwa 500 Jahren bei den Nahua und Totonaken in Mexiko und Guatemala.

[Thailand]
DAS AFFEN-BUFFET:
seid nett zu Tieren

Einmal im Jahr, am letzten Sonntag im November, schmeißen die Einwohner der Stadt Lopburi in Thailand eine Party für die etwa 600 bis zu 2000 Affen, die in der Gegend um den Tempel Prang Sam Yod leben. Die Einheimischen glauben, sie seien die Nachfahren eines Makaken-Kriegers, deren positives Karma sich auf einen selbst übertrage, wenn man nett zu ihnen sei. Und wenn das nicht mal nett ist: 4000 Kilo Obst und Gemüse werden kunstvoll übereinandergestapelt. Die Kellner sind weiß behandschuht und können mit ihren Gästen umgehen. Die haben graubraunes Fell und einen 40 bis 65 Zentimeter langen Schwanz – und sind ziemlich dreist. Sie hüpfen auf den kunstvoll drapierten Tabletts hin und her, schnappen sich die Leckerbissen und setzen sich schmatzend an ein schönes Plätzchen. Ein Schlaraffenland für die Langschwanzmakaken. Und ein Ereignis für die Touristen, die von überallher kommen, um diese irre Party zu sehen.

[Indien]
HOLI: das Fest der Farben

Es ist bunt. Alles. Die Gesichter, die Straßen, die Elefanten – und sogar die heiligen Kühe. Am Ende des Winters, im Monat Phālguna (20. Februar bis 20. März), wird in Nordindien gefeiert. Es ist in etwa wie beim Karneval: Alle sind gleich und haben Spaß miteinander. Oder: fast alle. Nicht jeder mag es, von anderen mit den Farben eingerieben zu werden, die es zu dieser Zeit auf jedem Markt zu kaufen gibt. Wer den Trubel nicht erträgt, der muss flüchten. Das gilt in Mumbai beim Holi-Fest genauso wie in Köln am Rosenmontag. Holi geht auf eine Geschichte aus der Kindheit Krishnas zurück, der mit seiner Gefährtin Radha und den anderen Hirtinnen das Spiel der Farben erfunden haben soll.

Fünf Tage nach Vollmond im Phālguna ist Rangapancami. Ranga bedeutet Farbe. Elefanten werden bemalt, ihre Ohren und Beine leuchten regelrecht vor lauter kunstvollen Blumenornamenten. Wochen vorher schon wurde die Farbe hergestellt, unter anderem aus der »Flamme des Waldes«, dem Palasabaum, der genau in dieser Zeit blüht. Rot entsteht aus Sandelholz, Gelb aus Kurkuma, Grün aus Henna. Der Puder wird am Altar geweiht; es soll schließlich keine gedankenlose, bunte Schlacht sein, wie sie als Partyveranstaltung vor ein paar Jahren auch nach Deutschland geschwappt ist. Mittlerweile werden die Farben allerdings besonders in den Großstädten auch synthetisch hergestellt. Wenn dann der Farbnebel über allem und in Nasen, Ohren und Augen hängt, nimmt das nicht mehr bloß Atem und Orientierung, sondern es kann lebensgefährlich werden, besonders für Kinder. Und ein weiterer Einfluss der westlichen Welt wirft Schatten auf das Fest: Der sonst verpönte Alkohol gehört zunehmend dazu. Dennoch, es ist ein fantastisches Fest. Weil das strenge Kastensystem für ein paar Tage aus den Angeln gehoben wird.

[Japan]
KANAMARA MATSURI:
eine Party für den Penis

Es ist erstaunlich, dass es in einem Land, in dem Menschen die Geräusche ihrer Körperfunktionen beim Toilettengang so peinlich finden, dass extra ein Gerät erfunden wurde, um sie per Knopfdruck zu übertönen, so etwas gibt: ein Penis-Festival. Kleinkinder flitzen um Penis-Statuen, Senioren lutschen Phallus-Lollis, ungefähr jeder lässt sich auf der Penis-Statue fotografieren.

Das Festival ist ein alter Brauch, der aus der Edo-Zeit (1603–1867) stammt. Damals zogen die Huren vor einen Penis-Schrein, um dort für gute Geschäfte und den Schutz vor Geschlechtskrankheiten zu beten. Aber die Legende klingt aufregender: Einst hatte sich ein Dämon in der Vagina einer Jungfrau versteckt und in der Hochzeitsnacht dem Bräutigam den Penis abgebissen. Die Frau ließ sich beim Schmied einen stählernen Phallus anfertigen. Von da an war Ruhe. Der Phallus wurde in einem Schrein aufbewahrt, und es gibt jährlich ein Fest zu seinen Ehren.

Wer auch immer sich die seltsame Historie ausgedacht hat: Sie ist heute ein Riesenspaß. Die drei Penis-Schreine, die durch die Stadt getragen werden, werden jedes Jahr aufs Neue geweiht. Und fast jeder hat einen Grund, sie zu berühren. Ist schließlich für vieles gut: für kurze und schmerzlose Geburten, für Fruchtbarkeit, für Heirat, für Eheglück. Ob daran wirklich noch jemand glaubt, sei dahingestellt. Wenn es schon nichts nutzt, so schadet es zumindest nicht.

Übrigens geht alles ganz sittsam zu. Orgien werden nicht gefeiert. Stattdessen werden Penisse versteigert, kunstvoll geschnitzt aus Gemüse wie Karotten oder Rettich. Das Geld, das eingenommen wird, geht komplett an die Aids-Forschung. Freizügig sind lediglich die angebotenen Handtücher, die mit diversen Sex-Stellungen bestickt sind. Die Teilnehmer, die um die rosa Geschlechtsteile tänzeln und die Prozession begleiten, sind alle hochgeschlossen angezogen, der Jahreszeit entsprechend. Sie skandieren »Kanamara« in Endlosschleife und amüsieren sich prächtig. Wer jetzt denkt, dass dieser Penis-Kult des Kanamara Matsuri doch ein wenig ungerecht ist, irrt. Das Vagina-Festival gibt es schon längst. Natürlich in Japan.

[Thailand]
SONGKRAN: sauber ins neue Jahr

Ehedem waren es nur Buddha-Figuren und elterliche Hände, die zum Jahreswechsel vom 12. bis 14. April in Thailand einer rituellen Waschung unterzogen wurden. Irgendwann wurde daraus das, was es heute ist: ein Neujahrstag, der im kollektiven Wasserstrahl untergeht. Klingt erst einmal sehr lustig, ist aber eine lebensgefährdende Angelegenheit mit durchschnittlich 1500 Unfällen und etwa 150 Toten. Es fängt harmlos an. Am Vorabend werden die Häuser geputzt. Nachdem am ersten Feiertagsmorgen die Familien in den Gemeindezentren Reis, Früchte und andere Speisen geopfert haben, werden die Buddha-Figuren und Mönche mit Wasser übergossen. Und jeder der Gläubigen trägt eine Handvoll Sand mit sich, um ihn im Vorhof vorsichtig aufzuhäufen und anschließend mit Fähnchen zu schmücken. So bringt er das zurück, was er im Laufe des vergangenen Jahres von hier unter seinen Schuhsohlen davongetragen hat. Während aber früher nur Ausgewählte mit Wasser benetzt wurden, begießen sich heute alle gegenseitig. Und längst nicht mehr nur mit hübschen, geschmiedeten Töpfen, sondern auch mit Plastikwasserpistolen. Und wer sich professionell vorbereitet, kommt gar mit einem Wasserwagen samt Schlauch. Konvois von Rikschas rollen durch die Gassen, beschießen die tanzenden Passanten, und die wiederum schießen zurück. Wäre alles ein großer Spaß, wenn nicht auch drei Tage lang heftigst gebechert würde. Das macht den Straßenverkehr in dieser Zeit zu einer Art von russischem Roulette. Meistens geht's gut. Oft aber auch nicht.

[Spanien]
LA TOMATINA:
eine Stadt sieht rot

50 000 Besucher aus aller Welt stürmen am Mittwoch der letzten Augustwoche Buñol, eine 10 000-Einwohner-Stadt in der spanischen Region Valencia. Schon beim traditionellen Klettern auf den Palo Jabón, einen Baumstamm, an dessen Ende ein Schinken hängt, ist kein Durchkommen mehr. Wer ohne Hilfsmittel nach oben gelangt, bekommt den Schinken. Den schafft er aber kaum mehr nach Hause, denn nun geht es richtig los. Die Tomatina wurde zum Spaß erfunden, irgendwann in den 1940er-Jahren. Sie hat keinen religiösen und sehr wahrscheinlich auch keinen politischen Hintergrund, obwohl manche erzählen, dass es bei einer Anti-Franco-Demonstration zur ersten Gemüseschlacht kam. Heute werden 125 Tonnen vom Laster auf die Plaza del Pueblo und die angrenzenden Straßen gekippt, und jeder schmeißt damit um sich. Die Anlieferer sorgen dafür, dass nur weiche, überreife Früchte in die Schlacht gelangen. Jeder Teilnehmer muss die Tomate vor Abwurf in der Hand zerdrücken, um Verletzungen zu vermeiden. Nach der Ketchupparty, die exakt von elf bis zwölf Uhr mittags dauert, wird aufgeräumt. Zum Dank werden die Helfer von den Anwohnern mit Wasserschläuchen von dem Tomatenbrei befreit. Was bleibt, sind ruinierte Klamotten und die Erinnerung an ein Fest, das so ungefährlich wie witzig ist.

[Indien & Pakistan]
JEDEN TAG AUFS NEUE:
die Grenze wird geschlossen

Dieses Ritual ist ein echter Balzkampf: An der indisch-pakistanischen Grenze zwischen Attari und Wagah werden jeden Abend mit großem Tamtam die Flaggen eingeholt. Knapp zwei Stunden vor Sonnenuntergang marschieren Hunderte Inder auf der einen und nicht ganz so viele Pakistaner auf der anderen Seite Richtung Grenze. Es ist eines von vielen Ritualen, die die beiden Nationen gegeneinander veranstalten: Cricketspiele, Aufrüstung und Nationalhymnenwettgrölen gehören auch dazu. Was die Touristen für einen Freundschaftsdienst halten, ist ein volksfestartiger, menschlicher Pfauentanz. Es wird gesungen, jeweils die bekanntesten Propagandalieder des Landes, und laut geklatscht. Der Lauteste gewinnt. Keinen Preis, sondern das Gefühl, der Stärkere zu sein. Und dann kommt je ein Soldat, bewaffnet mit einem Stapel der Landespresse, das Tor wird einen Spalt geöffnet und die Zeitungen ausgetauscht wie Wimpel beim Fußball-Freundschaftsspiel. Die Kommandanten der Eliteeinheiten rufen zum Wachwechsel, und dann marschieren Soldatentrupps auf, Gewehre werden präsentiert, Kampfgebrüll erhallt. Klappt wunderbar synchron, sieht aus wie ein Spiegelbild. Das Tor wird abermals geöffnet, diesmal richtig, die Offiziere reichen sich die Hand, die Fahnen werden eingeholt, ebenfalls gleichzeitig. Dann ist Schluss für heute. Morgen ist ein neuer Tag.

[England]
COOPER'S HILL CHEESE ROLLING: was für ein Käse

Die Briten haben seltsame Bräuche. Hoch im Norden werfen sie Baumstämme, weiter unten im Süden, an der Grenze zu Wales, jagen sie einem Käse hinterher. Seit über 200 Jahren versammeln sich die Engländer an der Spitze des Cooper's Hill, einem Hügel bei Gloucester. Der ist steil und verdammt uneben. Wer da runterläuft, muss verrückt sein. Oder traditionsbewusst. Oder beides.

Das Rennen funktioniert so: Zuerst wird ein Gloucester-Käse auf die Reise geschickt, der mit etwa 110 Sachen Richtung Tal rollt. Dann tollen die Wahnsinnigen hinterher. Jeder in seiner Technik, einige verkleidet als Borat oder Superman. Manche versuchen es mit einer Mischung aus Poporutschen und kleinen Laufschritten. Andere preschen einfach los. Letztlich kugeln alle doch mehr oder weniger unkontrolliert. Obwohl das Rennen seit 2009 illegal ist. Damals nämlich waren 15 000 statt der zugelassenen 5000 gekommen, und wegen des hohen Verletzungsrisikos wird die Tradition nun inoffiziell von einem Verein weitergeführt. Dass sich trotz der Brüche und Verrenkungen, Schürf- und Platzwunden immer noch Begeisterte finden (für Kinder gibt es eine Extrarunde, für Frauen auch), liegt nicht am Gewinn. Derjenige, der als Erster die Ziellinie erreicht, erhält nämlich bloß den Käse. Aber davon kann man seinen Enkeln noch erzählen.

[Spanien]
DER STIERLAUF
von Pamplona

Das ist ein Adrenalinkick. Für den, der's braucht. Und das sind in Pamplona, Nordspanien, jedes Jahr Tausende. Sie stehen am Straßenrand, wenn morgens um 8 Uhr während des katholischen Festes Sanfermines sechs Stiere in die Stierkampfarena getrieben werden. Der Spaß an der Sache ist, ein paar Meter neben den 500 bis 700 Kilogramm schweren Tieren herzulaufen. Da bleiben jedes Jahr einige Mitläufer auf der Strecke. Werden mitgeschleift bis in die 825 Meter entfernte Arena, festgehakt mit ihren T-Shirts an einem der Hörner. Oder auch schon mal plattgetrampelt. Um 18 Uhr beginnt für die Tiere der Kampf gegen die Matadore – und der endet für die Stiere meist tödlich. Die Einnahmen aus den Eintrittsgeldern und dem Verkauf des Stierfleisches kommen karitativen Zwecken zugute.

[Türkei]
KAMELRINGEN:
auf ihn ohne Gebrüll

Zwischen Dezember und März ist Brunftzeit bei den Kamelen. Da können die Kamelmänner keine Konkurrenten gebrauchen. Und deswegen ist das auch die Zeit der Kamelkämpfe in Selçuk und vielen anderen Orten im Südwesten der Türkei.

Die Kamele, die daran teilnehmen, werden extra gezüchtet: Die Mutter ist einhöckerig, der Vater zweihöckerig. Die besten Gewinnchancen haben angeblich diejenigen, die eine ägyptisch-afghanische Herkunft haben. Aber eine Garantie für den Sieg sind auch die besten Gene nicht.

Einen Preis gibt es am Ende für den Gewinner auch nicht: Es geht lediglich um die Ehre. Es ist eben ein Hobby der türkischen Männer. Frauen sehen bei den Veranstaltungen selten zu, bei denen der Raki in Strömen fließt und die mindestens sieben Jahre alten Kamelherren schon am Vortag festlich geschmückt und mit bunten Stoffen verziert werden. Mit Trommeln und Flöten begleitet, werden sie in einem Zug durch den Ort geführt, der ungefähr durch jede Gasse geht. Auf dem Turnierplatz angekommen, ein einigermaßen großer Acker reicht aus, werden jeweils zwei Hengste aufeinander losgelassen. Es sind keine Kämpfernaturen, eigentlich. Aber es ist Weibsvolk anwesend – und wie gesagt: Brunftzeit. Deswegen ist jeder Hengst ein Gegner. Gewonnen hat das Tier, das sein Gegenüber entweder wegdrängt, niederringt oder zum Brüllen bringt. Schlimmeres passiert nicht, denn die Besitzer halten ihre Paarhufer an Leinen fest – und bevor es für ihre Schützlinge gefährlich wird, werden sie weggezogen. Ein Hengst ist nämlich bis zu 50 000 Euro wert. Allerdings: Wer zurückgezogen wird, hat verloren. So ist das nun einmal. Wer am Ende aber welche Kameldame abbekommt, ist damit nicht entschieden. Zum Schluss wird gesammelt, jeder Schaulustige gibt etwas. Mit dem Geld werden die Unkosten gedeckt, und was übrig bleibt, wird für gute Zwecke gespendet.

Die ungewöhnlichsten FASTFOOD-BUDEN der Welt

Fastfood ist nicht nur in Deutschland beliebt. Weltweit setzt sich der Trend zum schnellen Essen immer mehr durch. In Japan kommt dabei allerdings etwas ganz anderes auf den Teller als in Mexiko. Galileo hat sich weltweit auf die Suche nach den ungewöhnlichsten Fastfood-Buden gemacht.

SCHOTTLAND
Fisch muss schwimmen

Fish and Chips ist der bekannteste Fastfood-Snack Großbritanniens. Auch das McMonagles im schottischen Clydebank hat sich auf dieses Traditionsgericht spezialisiert – allerdings wird es auf dem Schiffsrestaurant in gelassener, gediegener Atmosphäre serviert. Falls man es eilig hat, gibt es Fish and Chips dort allerdings auch zum Mitnehmen. Das Besondere: Die Verkaufsluke befindet sich direkt am Kanal, auf dem das Schiff liegt, die Kunden kommen hier mit ihren Booten vorbei. Damit ist das John-McMonagles-Restaurant der erste Sail-Through-Imbiss der Welt. Schon zweimal wurde der Imbiss als beste Fish-and-Chips-Bude Großbritanniens ausgezeichnet. Auch Galileo-Reporter Harro Füllgrabe bestätigt: »Das Verhältnis zwischen Panade und Fisch ist richtig gut, man schmeckt, wie frisch der Fisch ist.« Das hat sich längst in Clydebank herumgesprochen: Im Sommer kaufen bis zu 120 Kunden täglich an der Sail-Through-Luke. Selbst aus Irland kamen schon Gäste eigens angesegelt, um hier Fish and Chips zu kaufen.

JAPAN
Einmal Salamander gebraten, bitte

Japanisches Essen gilt als das gesündeste der ganzen Welt. Auch das dortige Fastfood hat mit den Schnellgerichten, die wir kennen, nicht viel gemeinsam. Fettige Burger sucht man dort vergebens. Dafür findet man ausgesprochene Skurrilitäten: Der Schnellimbiss Yaki Hamaguri in Tokio etwa serviert Salamander – fünf Minuten in der Pfanne kross gebraten. Das ist eine wahre Eiweißbombe, schmeckt allerdings nach einer Mischung aus leicht angebranntem Hähnchenflügel und Fisch – also eher gewöhnungsbedürftig.
Eine weitere Spezialität des Yaki Hamaguri sind Blutegel. Gegart verlieren sie ihre schleimige Konsistenz und werden fest bis knorpelig, schmecken aber eher undefinierbar mit einem Nachgeschmack, der an Leber erinnert. Wer dann noch zum Dessert die glibberigen Eierstöcke eines Froschs probiert, hat sicherlich sehr gesund gegessen – und nebenbei noch eine echte Mutprobe bestanden.

USA
Die schwimmende Pizza

Der Lake St. Claire nördlich von Detroit ist ein beliebter Badesee und nur drei Meter tief. Im Sommer ist der See von Badegästen und Booten geradezu überschwemmt. Damit die Sonnen- und Wasserhungrigen nicht bei jedem Anflug von Hunger an Land zurückkehren müssen, kurvt hier die schwimmende Pizzeria S. S. Pizza Boat den ganzen Tag auf dem See herum. Ein Anruf bei dem Schiff mit Angabe der eigenen Bootsnummer reicht, und prompt wird die gewünschte Pizza durch freundliche Mitarbeiter in motorisierten Schlauchbooten direkt ans eigene Boot geliefert. Alfonso Sorrento, Chef der maritimen Pizzeria, betreibt noch zwölf weitere Pizzerien in der Umgebung – freilich an Land. Während es dort jeweils eine große Auswahl an verschiedenen Pizzen gibt, hat man auf der S. S. Pizza Boat lediglich die Wahl zwischen zwei Pizza-Spezialitäten. Die jedoch schmecken gerade auf dem Wasser unter der Sommersonne Michigans großartig.

USA
Hummer to go

Mobile Imbissbuden sieht man überall in New York City. Mal gibt es griechisches Souvlaki, mal indisches Biryani, mal einfache Hotdogs. Das Essen ist oft schlicht, aber durchaus schmackhaft. An der Wall Street sind die meist sehr einfachen fahrbaren Stände mittags umringt von Bankern in Anzügen, die hier einen schnellen Lunch genießen. Susanne Povich hob vor wenigen Jahren die mobile Pausenkost New Yorks auf ein neues Niveau: In ihrem Red Hook Lobster Truck verkauft sie Hotdogs mit Hummerfleisch – eine echte Delikatesse. Freilich ist so ein Hummer-Hotdog nicht eben günstig: Um 16 Dollar erleichtert Povich ihre Kunden pro Stück. Zum Vergleich: Am Nachbarstand bekommt man für etwa drei Dollar einen gewöhnlichen Hotdog. Dennoch finden ihre Delikatessen reißenden Absatz: Um die 400 Hummer-Hotdogs gehen täglich über die Theke. In New York liebt man eben das Exquisite.

MEXIKO
Von der Sonne geküsst

Oaxaca de Juárez ist eine typische mexikanische Stadt im Süden des Landes. Sie hat ein schönes historisches Zentrum, und an jeder Ecke gibt es einen Taco-Stand. Außerdem hat Oaxaca ganzjährig gutes Wetter. Diesen Umstand nutzt Alfredo García Martínez: Seine mobile Taco-Bude ist die erste, die mit Sonnenenergie betrieben wird. Der Schweizer Ingenieur Michael Götz baute den Parabolspiegel so, dass er sich automatisch nach der Sonne ausrichtet. Das eingefangene Sonnenlicht trifft auf ein mit Wasser gefülltes Kupferrohr. Das Wasser wird zum Kochen gebracht und der Dampf in die Küche geleitet, wo er den Tortilla-Teig und die Zutaten gart. Damit hat Alfredo García Martínez den fortschrittlichsten Taco-Stand in Mexiko: Erstens spart er gegenüber der mit Gasflaschen arbeitenden Konkurrenz Energie-kosten, zweitens schont er die Umwelt, und drittens ist Sonnenenergie sicherer als Gas. Und seine Kunden schwören, dass Alfredo die besten Tacos weit und breit verkauft.

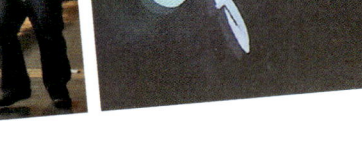

NEUSEELAND
Königin der Nacht

Neuseeland befindet sich nicht nur auf der anderen Seite der Erde, viele Dinge werden dort auch anders gesehen als bei uns. So findet man in der Metropole Auckland beispiels-weise keine mobilen Fastfood-Buden. Sie sind verboten, weil sie nach Auffassung der Behörden das Stadtbild verschandeln. Eine Ausnahme gibt es jedoch: die White Lady. Der Vater des heutigen Besitzers Pete Washer erwarb die Lizenz für den Imbissbetrieb bereits 1948. Heute ist die Genehmigung so alt, dass sie gesetzlichen Schutz genießt. Allerdings darf die White Lady erst um 18 Uhr öffnen. Die Beleuchtung sorgt dafür, dass sie im Dun-keln sämtliche Blicke hungriger Passanten auf sich zieht und entsprechend gut besucht ist. Die Spezialität des Hauses, der White Lady Burger, besteht aus einer Bulette, Steak, Schinken, einer Ananasscheibe, Salat und einem Spiegelei. Zusammengebaut ist er 15 Zentimeter hoch und kostet umgerechnet elf Euro. Dafür sättigt er für die ganze Nacht.

LEBENDIGE ZEBRASTREIFEN

Besondere Verkehrsverhältnisse erfordern manchmal eben auch besondere Maßnahmen. Dem Chaos auf Boliviens Straßen tritt nun eine besondere Form von Ordnungshütern entgegen.

Eine große Faschingsparty?

Dutzende Menschen in Zebrakostümen, die alle eine große Party zu feiern scheinen – spielt sich hier mitten auf der Straße eine Faschingsfeier ab? Handelt es sich um einen Flashmob? Odar gar um eine Werbeaktion einer Fastfood-Kette, bei der es auch Zebrafleisch gibt? Es ist nichts von alledem. Diese schwarz-weiß gestreifte Party spielt sich in der bolivianischen Stadt La Paz ab, und die Menschen in den Zebrakostümen erfüllen einen sehr guten Zweck: Sie arbeiten als lebendige Zebrastreifen. Bolivianische Autofahrer haben oft Vorstellungen von Straßenverkehrsregeln, die mit unseren kaum zu vergleichen sind. Immer wieder kommt es zu Unfällen, weil Zebrastreifen, aber auch rote Ampeln eher als Vorschlag denn als klares Signal zum Anhalten betrachtet werden.

Ordnungshüter mit guter Laune

Die Verkehrszebras springen deshalb, sobald eine Ampel auf Rot wechselt, auf die Straße und zwingen die Autofahrer zum Anhalten. Sie sorgen für Ordnung auf den Kreuzungen und belehren auch schon einmal den einen oder anderen uneinsichtigen Fahrer. Die wiederum sind oft dankbar – schließlich wäre eine Begegnung mit einem echten Verkehrspolizisten sie schnell teuer zu stehen gekommen. So kommen sie mit einem freundlichen Hinweis und dem Blick in ein lustiges Zebragesicht davon. Der Name des Programms: Mama Zebra – woran schon deutlich wird, dass die gestreiften Verkehrshüter mit den Rowdys der Straße eher freundlich-mütterlich umgehen als herrisch-offiziell.

Eine Chance für Chancenlose

Ein Verkehrszebra kann aber nicht jeder werden. Dies ist jungen Menschen am Rand der Gesellschaft vorbehalten, die sonst nur wenig Chancen hätten, einen Job zu ergattern. Bereits im Jahr 2001 wurde Mama Zebra ins Leben gerufen; die Stadt La Paz unterstützt das Projekt finanziell. Ungefähr 350 Jugendliche im Alter zwischen 16 und 22 Jahren arbeiten bei dem Projekt. Mama Zebra belässt es übrigens nicht dabei, die Jugendlichen als lustige Verkehrshüter auf die Straße zu schicken: Gleichzeitig kümmert sich die Initiative darum, ihnen längerfristige Jobs zu vermitteln; eingenommene Spenden werden in ihre Bildung investiert. So haben fast alle etwas von Mama Zebra: Autofahrer erfahren Aufklärung, die Straßen von La Paz werden sicherer, und Jugendliche erhalten neue Chancen.

Die UNGLAUBLICHSTEN SPORTARTEN der Welt

BRASILIEN steht für Fußball, **KANADA** für Eishockey und **INDIEN** für Cricket? Schon richtig – trotzdem nur die halbe Wahrheit. Denn diese und viele andere Länder pflegen auch Sportarten, von denen wir hierzulande noch nie etwas gehört haben. Galileo stellt die seltsamsten Disziplinen vor.

Tanz trifft Kampf

Afrikanische Sklaven waren die Erfinder eines Sports, der heute mit Brasilien in Verbindung gebracht wird wie sonst nur Fußball: Die mittel- und rechtlosen Afrikaner, die einst auf den Zuckerrohrplantagen Brasiliens schufteten, entwickelten eine Mischung aus Tanz und Kampf. Die Besitzer wurden in dem Glauben gelassen, ihre Sklaven würden tanzen, während sie für den Kampf trainierten – meist zur Vorbereitung einer Flucht. Einmal geflohen, waren die unbewaffneten Sklaven so in der Lage, sich gegen die Natur und die bewaffneten Suchtrupps zu wehren. Nach der Abschaffung der Sklaverei eröffneten sich diesen in der Kampfkunst geschulten Ex-Sklaven, den »capoeiristas«, neue Möglichkeiten: Sie arbeiteten als Bodyguards, Söldner oder Auftragskiller. Capoeira wurde in ganz Brasilien verboten.

Mit den Jahren beruhigte sich die Lage so weit, dass der »capoeirista« Mestre Bimba das erste systematische Training entwickeln und Capoeira so zu einem echten Sport machen konnte. Im Jahr 1932 eröffnete er die erste Capoeira-Schule. Heute ist die Mixtur aus Tanz und Kampfbewegungen ein fester Bestandteil brasilianischer Kultur, versierte Sportler führen ihre Kunst auf der ganzen Welt vor.

EXTREM SKURRIL

Kampf um die Ziege

Die Afghanen sind ein altes Reitervolk, auch ihr Nationalsport wird auf dem Rücken eines Pferdes gespielt. Das verwendete Spielgerät, sozusagen der Ball im Buzkashi, mutet seltsam an: Gespielt wird mit einer toten Ziege. Diese muss von den Reitern mit der Hand aufgenommen und dann vor dem Preisrichter abgelegt werden. Gelingt es einem Spieler, gewinnt dieser, und das Spiel ist beendet. Das klingt einfach, doch im traditionellen Buzkashi gibt es keine Teams, jeder spielt gegen jeden. Bei mehreren Dutzend Spielern auf dem Feld entsteht da schnell ein heilloses Gemenge, da jeder Reiter, einmal im Besitz der Ziege, sofort von allen anderen umringt und verfolgt wird. Bis zum Preisrichter durchzudringen ist so fast unmöglich. Aus diesem Grund weiß beim Buzkashi auch niemand, wann das Spiel endet, mehrtägige Partien sind keine Seltenheit.

ARGENTINIEN PATO |
Das Spiel mit der Ente

Vor allem Fußball und Polo bringt man gemeinhin mit Argentinien in Verbindung, der Nationalsport des südamerikanisches Landes ist bei uns völlig unbekannt: Pato ist ein Pferdesport, bei dem ein mit Griffen versehener Ball ins gegnerische Tor befördert werden muss. »Pato« bedeutet »Ente« – und tatsächlich versuchte man früher, statt eines Balls eine in einem Käfig gefangene, lebendige Ente ins Ziel zu bringen. Vor allem in seiner frühen Form, Pato ist seit 400 Jahren bekannt, hatte der Sport kaum Regeln. Das Spielfeld war die Steppe zwischen zwei Ranches, die Mannschaften setzten sich aus deren Familien und Mitarbeitern zusammen. Wer auch immer es schaffte, die Ente vor dem Tor der eigenen Ranch abzulegen, gewann. Bei der wilden Jagd kam es oft zu Todesfällen, wenn Reiter von ihren Pferden fielen und unter die Hufe gerieten. Zivilisierter wurde das Spiel erst in den 1930er-Jahren des vergangenen Jahrhunderts, als ein umfangreiches Regelwerk entstand.

Sei böse

Ringen ist eine der ältesten Sportarten und war bereits Bestandteil der Olympischen Spiele der Antike. Heute ist der Sport fast weltweit verbreitet und auch in der Schweiz eine feste Größe – allerdings hat das Alpenland dem Ringen einen eigenen Stempel aufgedrückt. Man betreibt nicht Ringen, sondern Schwingen, Wettkämpfe werden nicht in der Halle, sondern meist im Freien ausgetragen, auf dem Boden liegen Sägespäne statt einer Matte. Auch die Ausführung ist seit jeher – das Schwingen lässt sich bis ins 12. Jahrhundert zurückverfolgen – speziell: Fester Bestandteil eines Schwingkampfes ist der »Hosenlupf«, der Griff an die Hose des Gegners, um ihn hochzuziehen und zu Fall zu bringen. Ein sauberer Plattwurf nach Hosenlupf bringt dann die höchstmögliche Punktzahl. Männliche Zuschauer beißen sich angesichts solcher Szenen gern einmal auf die Unterlippe. Der martialische Charakter des Sports wird dadurch unterstrichen, dass die besten Schwinger »die Bösen« genannt werden und es somit ein hehres Ziel ist, »böse« zu sein. Schwingen ist in der deutschsprachigen Schweiz Nationalsport, und die »Bösen« genießen dort den Status angesehener Sportprominenz.

Auf die Bretter geschickt

Die Einwohner des sonnenverwöhnten Bundesstaates an der Westküste der Vereinigten Staaten sind sportverliebt. Vor allem an den Küsten des Südens ziehen Jogger ihre Runden, wohin man sieht. In Venice Beach pumpen Bodybuilder in einem Open-Air-Fitnessclub ihre Muskeln. Und die Kalifornier surfen für ihr Leben gern. Diese Leidenschaft macht nicht einmal vor ihren Haustieren halt. In mehreren Vereinen versammeln sich Hundebesitzer, deren Fellfreunde eines gemeinsam haben: Die Vierbeiner surfen.

Die Ursprünge dieser Marotte gehen bis in die 1930er-Jahre zurück, als Surfer begannen, sich auf ihren Runden über die Wellen von ihren Tieren begleiten zu lassen. Mit den Jahren kamen die ersten auf die Idee, der Hund könne auch ohne Herrchen oder Frauchen die Wellen reiten. Mittlerweile gibt es jährliche Dog-Surfing-Wettbewerbe und sogar eigene Surfkleidungskollektionen für Hunde. Und die meisten Besitzer von surfenden Vierbeinern haben selbst noch nie auf den schwimmenden Brettern gestanden.

EXTREM SKURRIL

KANADA BROOMBALL
Neue Besen kämpfen gut

Die Kanadier haben einen un-
angefochtenen Nationalsport:
Eishockey. Weltweit gibt es nur
sehr wenige Länder, die es in
dieser Sportart mit ihnen aufnehmen können. Dennoch haben sie
eine weitere Sportart erfunden,
um auch darin zur Weltspitze zu
gehören: Broomball. Merkwürdig
an Broomball ist allerdings, dass
es dem Eishockey sehr ähnlich ist.
Statt mit einem Puck wird zwar mit
einem Ball gespielt, statt mit einem
Schläger wird der Ball mit einer Art
Besen über das Spielfeld geschos-
sen, statt auf Schlittschuhen bewegen sich die Spieler auf speziellen
rutschfesten Schuhen über das Eis.
Damit erschöpfen sich die Unter-
schiede auch schon weitgehend,
die Regeln des Broomballs sind
mit denen des großen Bruders fast
identisch. Und warum man auf
Eis spielt, dann aber rutschfeste
Schuhe trägt, um nicht zu schlit-
tern – das bleibt wohl das Geheimnis des Erfinders.

INDIEN KABADDI
Halte die Luft an!

In Indien und anderen Ländern
Südasiens hat man das beliebt-
te Kinderspiel »Fangen« zu einer
echten Sportart entwickelt: Zwei
Teams stehen sich auf einem
Spielfeld gegenüber, je ein
Mitglied eines Teams läuft nun
zu den Gegnern und versucht,
einen von ihnen abzuschlagen,
um dann wieder in die eigene
Hälfte zu flüchten, woran die
andere Mannschaft ihn zu hin-
dern versucht. Das ist allerdings
nicht alles: Während der Spieler
in der gegnerischen Hälfte ist,
muss er die Luft anhalten und
ständig »kabaddi, kabaddi«
vor sich hinsagen. Einen Punkt
erzielt der Angreifer nur, wenn
er in der gegnerischen Hälfte
nicht Luft holen muss. Tatsächlich wirken die Regeln des Spiels
leicht seltsam. Nichtsdestotrotz
erfreut es sich vor allem in Indien, Pakistan, Bangladesh und
Iran großer Beliebtheit.

Traditionelle Ölung

Ziel eines jeden Ringkämpfers ist es, den Gegner so zu packen, dass er ihn mit einem gekonnten Wurf auf die Matte legen kann. Sinn von Olivenöl ist es üblicherweise, damit Salate und andere Speisen zu veredeln. In der Türkei, und dort gibt es mehr als genug Olivenöl, hat man noch eine weitere Verwendung dafür: Dort reiben sich Ringkämpfer vor dem Match von Kopf bis Fuß mit Olivenöl ein. Entsprechend hoch ist der Schwierigkeitsgrad des türkischen Nationalsports, denn das Ansetzen eines vernünftigen Hebels ist auf der glitschigen Haut des Gegners eine echte Herausforderung. Das wichtigste Event einer jeden Ölringen-Saison ist das in der Stadt Edirne am nordwestlichen Rand der Türkei ausgetragene Turnier Kırkpınar. Es findet seit dem 14. Jahrhundert jährlich statt, was es zum ältesten heute noch stattfindenden Sportevent der Welt macht. Beim Kırkpınar erfolgreiche Ölringer gewannen für die Türkei bei den Olympischen Spielen von 1960 sämtliche Medaillen im herkömmlichen Ringen.

SÜDOSTASIEN SEPAK TAKRAW
Kick It Like Phunsueb

Suebsak Phunsueb ist in Thailand ein Star und für seine knallharten Angaben gefürchtet. Er ist einer der genialsten Vertreter eines Sports, der in Südostasien weit verbreitet ist, bei uns aber vollkommen unbekannt: Sepak Takraw ist so etwas wie Volleyball, wird aber mit den Füßen gespielt. Ziel ist es, einen geflochtenen Ball aus Hartplastik so über das Netz in die gegnerische Hälfte des Spielfeldes zu befördern, dass er dort den Boden berührt. Der Einsatz der Hände ist dabei strikt untersagt, lediglich bei der Vorbereitung des Aufschlags dürfen sie verwendet werden, um den Ball in die Luft zu werfen. Obwohl noch ein sehr junger Sport, hat das 1945 erstmals vorgestellte Sepak Takraw binnen kurzer Zeit in Malaysia, Singapur, Thailand, Myanmar und anderen Ländern Südostasiens eine enorme Popularität erlangt. Auf den Philippinen ist es sogar Nationalsport. Verwunderlich ist dies nicht, denn für die Zuschauer besitzt der körperlich herausfordernde Wettkampf einen hohen Unterhaltungswert. Mittlerweile gibt es tatsächlich auch in Europa vereinzelte Vereine, in denen Sepak Takraw betrieben wird, beste deutsche Mannschaft ist die 2003 gegründete Takraw Cologne aus Köln.

EXTREM SKURRIL

[DIE SKURRILSTEN GESCHÄFTSIDEEN]

Immer mehr Leute wagen den Sprung in die Selbstständigkeit – mit oft verrückten Ideen. Nicht allen gelingt es, mit ihren skurrilen Ideen reich zu werden. Nur wenige schaffen den Durchbruch. Genau diese durchgeknallten Business-Ideen hat Galileo gesucht.

TORTE DE LUXE

Designerin Wendy Schlagwein aus dem niederländischen Hazerswoude-Dorp bei Den Haag führt einen ganz besonderen Tortenladen. An ihren Kreationen ist alles essbar – auch die Deko, die sonst sogar bei teuren Hochzeitstorten aus Plastik besteht. Ihre Torten wurden schnell so beliebt, dass Wendy mit dem Backen nicht mehr nachkam. Also bringt sie nun anderen bei, wie es geht. Heute gibt Wendy vier Tortenkurse pro Woche. Für 95 Euro verrät sie, wie man aus Kuchen Kunstwerke macht.
www.4theloveofcake.nl

HUNDE ZUM AUSLEIHEN

Japaner lieben Hunde, doch in ihrer Hauptstadt Tokio leben 35 Millionen Menschen – Platz, den Hunde benötigen, ist also Mangelware. Die Lösung: mieten statt kaufen. Bei »Puppy the World« kostet eine Stunde Gassigehen umgerechnet 25 Euro. 30 Vierbeiner stehen zur Auswahl und werden den Kunden auf Tafeln vorgestellt. Maximal zwei Stunden dürfen die Kunden einen Hund Gassi führen, jedes Tier geht nur einmal täglich. Die Tiere sind ausgemusterte Zuchthunde, die, so Besitzerin Hachiko Saito, wegen ihres Alters anderswo nur schwer ein neues Zuhause gefunden hätten.

DER SCHWIMMENDE WOHNWAGEN

Im mecklenburgischen Rechlin hat Ingenieur Daniel Straub etwas ausgetüftelt, was Camperherzen höherschlagen lässt: den Schwimmcaravan. Als Kind machte er mit seinen Eltern oft Campingurlaub, da ging es tagsüber mit dem Boot auf See hinaus. So kam ihm die Idee, beides zu kombinieren. Der Schwimmcaravan ist vier Meter lang, 380 Kilo leicht, geformt aus glasfaserverstärktem Kunststoff. Das Dach lässt sich komplett öffnen, sodass man von der Liegefläche aus sogar einen Panoramablick genießt. www.sealander.de

JEANS NACH MASS

Die passende Jeans zu finden ist oft nicht einfach: Mal sitzt der Bund nicht, mal fällt das Bein hässlich. Die beiden Wiener Moriz Piffl und Mike Lanner hatten die ewige Suche nach neuen Beinkleidern satt und entwickelten eine Idee: Ihre Firma Gebrüder Stitch fertigt Jeans nach Maß an. Dabei hatten die beiden Marketing-Menschen zunächst keine Ahnung vom Nähen. Mittlerweile wissen sie jedoch alles darüber, und ihr Laden läuft: Zwischen 240 und 500 Euro kostet eine Maßjeans, bis zu 50 Jeans im Monat können sie produzieren. www.gebruederstitch.at

STALLDUFT AUS DER DOSE

Sogenannte Raumparfüms gibt es mittlerweile in allen möglichen Duftrichtungen. Daniela Dorrer aus Landshut hat der breiten Geruchspalette eine weitere Facette hinzugefügt: Sie macht wörtlich Scheiße zu Geld und verkauft Stallduft aus der Dose. Zum Einfangen des Duftes benutzt Dorrer eine spezielle Watte, die sie fünf bis zehn Tage lang im Kuhstall lagert und hinterher luftdicht in Dosen verpackt. Bisher ist der spezielle Raumduft allerdings nur ein Nebenverdienst der Bürokauffrau. www.stallduft.de

Die SKURRILSTEN NATIONALGERICHTE der Welt

Schon einmal einen Skorpion frittiert? Einen Fisch vergammeln lassen, um ihn essen zu können? Oder eine Qualle, noch ganz frisch, verzehrt? Wer all diese Fragen mit Nein beantwortet, hat großen Nachholbedarf. Zugegeben: Die seltsamsten Spezialitäten der Welt selbst zu kosten, erfordert nicht nur weite Reisen, sondern auch viel Mut. Deshalb erklärt Galileo hier alles Wissenswerte über Klapperschlangen-Sandwich, gebratene Vogelspinne und Co.

Die Schreckensherrschaft der Roten Khmer von 1975 bis 1979 ist das dunkelste Kapitel der Geschichte Kambodschas, insgesamt gehen die Opferzahlen in die Millionen. Während dieser Zeit litt ein Großteil der Bevölkerung unter Hungersnöten und entwickelte deshalb neue Ideen, um an Nahrung zu kommen. Seit dieser Zeit sind gebratene Spinnen in manchen Regionen für ihren hühnchenartigen Geschmack bekannt. Hierfür werden etwa handtellergroße Vogelspinnen verwendet, die vor allem in der Stadt Skuon eigens für diesen Zweck gezüchtet werden. Die Spinnen werden, nachdem man sie in Salz, Zucker und Knoblauch gewälzt hat, in Öl gebraten, bis die Beine fast fest sind. Aus der in düsterer Zeit oft lebensrettenden Notration ist heute ein beliebter Snack und sogar eine Touristenattraktion geworden.

Kambodscha
Gebratene Spinne: aus Notration wird Delikatesse

China
Frittierte Skorpione: Currywurst des Ostens

In Amerika, Afrika, Asien und sogar Europa gibt es sie: Abgesehen von der Antarktis haben sich Skorpione auf allen Kontinenten der Erde ausgebreitet. Da ist es fast schon verwunderlich, dass der Skorpion nur in China auch als Nahrungsmittel gilt. Vor allem in der Provinz Shandong ist frittierter Skorpion auf vielen Märkten eine Selbstverständlichkeit wie in Deutschland die Currywurst. Übrigens schmeckt Skorpion ähnlich wie Hummer. Und der wiederum gilt schließlich in vielen Ländern als ausgemachte Leckerei.

Fisch kann gar nicht frisch genug sein – eigentlich. In Island sieht man das mitunter ganz anders. Grönlandhai, eine im Inselstaat sehr beliebte Spezialität, wird erst Monate nach dem Fang gegessen. In der Zwischenzeit lagert er mehrere Wochen, manchmal auch bis zu drei Monate in einer Grube aus Kies, um dann nochmals zwei bis vier Monate an der Luft zu trocknen. Hierdurch wird er überhaupt erst essbar, denn frischer Grönlandhai ist durch seinen hohen Ammoniak-Anteil ungenießbar und sogar leicht giftig. Gut fermentiert riecht und schmeckt sein Fleisch dagegen zwar sehr intensiv, aber – vor allem zu einem Gläschen des isländischen Kartoffel-Kümmel-Schnapses Brennivín – durchaus schmackhaft.

Island
Hákarl: Fisch muss gammeln

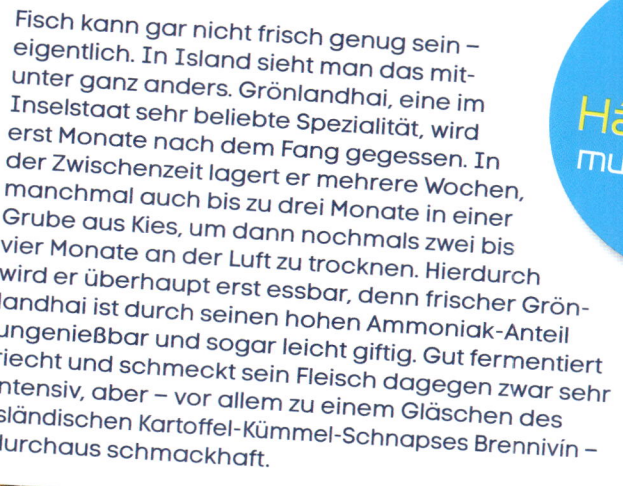

China, Japan, Thailand, USA
Schlangensnacks: roh oder im Brötchen?

Roh, gebraten oder frittiert. Wasser-, Würge- oder Klapperschlange. Die Kriechtiere erfreuen sich in erstaunlich vielen Ländern einer hohen Beliebtheit als Nahrungsmittel. Während in vielen Ländern das Fleisch am liebsten frittiert gegessen wird, ist rohe Seeschlange, erst am Tisch getötet, vor allem in Japan eine beliebte Delikatesse. Und in vielen Gegenden im Südwesten der USA ist ein Sandwich mit gegrillter Klapperschlange ein nicht selten anzutreffendes Gericht.

Australien
Witchetty-Maden: was die Wüste hergibt

Im tiefen Outback Zentralaustraliens ist es nicht leicht, etwas Essbares zu finden, weshalb die dort lebenden Aborigines nicht unbedingt zimperlich sind, was ihre Essgewohnheiten betrifft. Eines ihrer wichtigsten Nahrungsmittel ist die Witchetty-Made. Diese Larve einer Mottenart ernährt sich ausschließlich von Holz, vor allem dem einer einheimischen Akazie, was ihr einen nussigen Geschmack verleiht. Obendrein sind Larven enorm eiweißhaltig und machen fit für das Leben in der Wüste. Wird die Witchetty-Made gegrillt, bekommt sie eine knusprige Haut und ein weiches, gelbes, an Rührei erinnerndes Inneres, was sie durchaus genießbar macht. Mittlerweile hat die Made es sogar geschafft, nicht nur im Busch, sondern auch auf den Speisekarten von Restaurants in ganz Australien einen festen Platz zu finden.

EXTREM SKURRIL

Japans Küche ist bei uns vor allem in Form von Sushi bekannt und beliebt, sie gilt als besonders lecker, leicht und bekömmlich. Eher überraschend mag da anmuten, dass ein typisch japanisches Nationalgericht aus einem streng riechenden, klebrigen Mischmasch aus Sojabohnen und Schleim besteht. Nattō, so der Name der Spezialität, entsteht dadurch, dass Sojabohnen mittels eines in Reisstroh vorkommenden Bakteriums fermentiert werden. Das Ergebnis ist für ungeübte Nasen alles andere als appetitlich, in Japan aber durchaus auch als Zutat für Sushi beliebt. Außerdem, und hier bleibt die Küche Japans sich treu, ist Nattō sehr gesund: Es unterstützt die Knochenbildung, wirkt antibakteriell und hilft sogar gegen Bluthochdruck. Wer es ausprobieren möchte: Nattō ist mittlerweile auch bei uns in Asialäden erhältlich.

Japan
Nattō:
einmal Sojabohnen von neulich, bitte

Sardinien
Casu Marzu:
Einmal Käse mit Maden, bitte
Die Menschen auf Sardinien besitzen eine überdurchschnittlich hohe Lebenserwartung, was den Schluss nahelegt, dass sie vieles bei der Ernährung richtig machen. Ob dazu allerdings gehört, Käse zu essen, der von Fliegenmaden verdaut wurde, darf bezweifelt werden. Genau dies jedoch macht die sardische Spezialität Casu Marzu aus: Schafsmilchkäse wird so lange gelagert, bis sich Maden der Käsefliege auf ihm absetzen und schließlich in ihn eindringen. Die Larven verdauen den Käse, der dadurch cremiger und kräftiger wird. Auch beim Verzehr befinden sich die Maden noch im Käse. Viele, allerdings nicht alle, Sarden pulen sie vor dem Essen heraus.

China
Tausendjährige Eier:
ei, wie alt!

Der Anblick eines tausendjährigen Eis macht die Altersangabe im Namen durchaus glaubhaft. Dennoch ist sie übertrieben: Tatsächlich ist solch ein Ei höchstens drei Jahre alt. Drei Monate davon verbringt das Entenei eingelegt in einer Pampe aus Asche, Wasser, Sägespänen, Salz und weiteren Zutaten, wodurch sich das Eiweiß in eine glibbrige bräunliche Masse und das Eigelb in eine quarkähnliche grünschwarze Substanz verwandelt. Die Mischung, in der das Ei lagert, variiert dabei: Je nachdem, ob Tee, Fenchel, Pfeffer, gebrannter Kalk, Piniennadeln oder auch Zitrone verwendet werden, schmeckt das tausendjährige Ei sanft bis scharf-beißend.

China, Japan
Quallensalat: Das muss glibbern!

Bei Strandurlaubern sind Quallen nicht unbedingt die angesehensten Badegäste. In China und Japan dagegen, wo das Sonnenbad am Strand und das Planschen im Meer eh nicht zu den populären Freizeitaktivitäten gehören, gelten Quallen als durchaus erwünscht – nämlich auf dem Teller. Ein Quallensalat, wohlgemerkt mit frischen, rohen Tieren zubereitet, ist frei von Fett und Cholesterin, enthält Eiweiß und gesunde Spurenelemente. Angerichtet mit beispielsweise Zitronensaft, Chili oder Knoblauch sind Quallen tatsächlich erstaunlich schmackhaft. Selbst Feuerquallen werden verspeist, diese allerdings müssen vor dem Verzehr sorgfältig beschnitten, gesäubert und mariniert werden, damit ihr Nesselgift nicht nach dem Essen zu unschönen Vergiftungserscheinungen führt.

Türkei
Kokoreç: den Spieß umgedreht

Ein sich langsam drehender Spieß ist ein vertrauter Anblick in türkischen Imbissen. Was man hierzulande seltener antrifft, ist ein solcher Spieß, der nicht vertikal, sondern horizontal befestigt ist. Vor allem in Anatolien sieht man auch den häufig: Hier entsteht Kokoreç, ein für die Region typisches Gericht aus gegrillten Lamminnereien. Herz, Leber, Lunge und Milz werden aufgespießt und mit einem fein gesäuberten, umgestülpten Darm umwickelt. Gewürzt wird die Delikatesse mit Oregano, Olivenöl, Salz und Pfeffer. Während Kokoreç bei uns nahezu unbekannt ist, genießt der Innereienspieß in der Türkei nach wie vor eine größere Beliebtheit als Döner Kebap.

Philippinen
Balut: nichts für schwache Nerven

Ende der 1980er-Jahre hatte Deutschland einen handfesten Nudelskandal, als aufflog, dass die Teigwaren eines großen deutschen Herstellers zum Teil aus bereits befruchteten und sogar angebrüteten Eiern gefertigt worden waren. Auf den Philippinen würde man hierüber nur schmunzeln: Hier sind angebrütete Eier von Hühnern oder Enten nämlich außerordentlich beliebt. Nach etwa 14 bis 20 Bruttagen ist der Embryo bereits nahezu ausgewachsen. Nach etwa einer halben Stunde Kochzeit und serviert mit Salz oder Sojasoße wird er dann samt Schnabel und Federn verzehrt. Wegen der zahlreichen Philippinos, die in den USA leben, sind Balut-Eier mittlerweile auch dort erhältlich.

EXTREM SKURRIL

Da die Rocky Mountains fern jedes Meeres liegen, ist die Vorstellung, eine der dortigen Spezialitäten wären Austern, eher absurd. Die Rocky-Mountain-Austern sind die frittierten Hoden junger Bullen und gelten vor allem in US-Bundesstaaten, in denen Viehzucht betrieben wird, als Delikatesse. Dabei sind sie vor allem ein Nebenprodukt der Zucht: Die männlichen Kälber, die nicht zur Zucht vorgesehen sind, werden kastriert, da dies ihr Fleisch muskulöser macht. Und bevor man die Hoden einfach entsorgt, erklärt man sie zur Leckerei.

USA
Rocky Mountain Oysters:
Brateier einmal anders

Mexikanische Restaurants sind in Deutschland keine Seltenheit mehr. Doch die Burritos und Quesadillas, die man dort serviert bekommt, zeigen nur einen Teil der mexikanischen Landesküche. Denn auch im Süden Nordamerikas gibt es skurrile Spezialitäten. Zum Beispiel Escamoles: Dies sind Ameisenlarven, die mit Öl und Knoblauch gemischt und dann meist auf einer Tortilla serviert oder einfach gelöffelt werden. Oft werden sie auch mit Chili, Tomaten und Koriander verfeinert.

Mexiko
Escamoles:
Kaviar der Wüste

Fast wie Datteln sehen sie aus, wenn da nicht die geringelte Oberfläche wäre – die manch einem arglosen Touristen in China schon unangenehme Überraschungen erspart hat. Denn was aussieht wie die leckere Palmenfrucht, ist die gegrillte Larve des Seidenspinners. Vor allem in Südchina erfreut sie sich als Snack großer Beliebtheit, im Norden des Landes dagegen rümpfen viele ob solcher Vorlieben die Nase. Die Südchinesen, so heißt es im Norden eher abfällig, essen alles, was sich über den Boden bewegt und kein Auto ist, alles, was fliegt und kein Flugzeug ist, und alles, was schwimmt und kein U-Boot ist.

China
Seidenraupe:
Larven statt Datteln

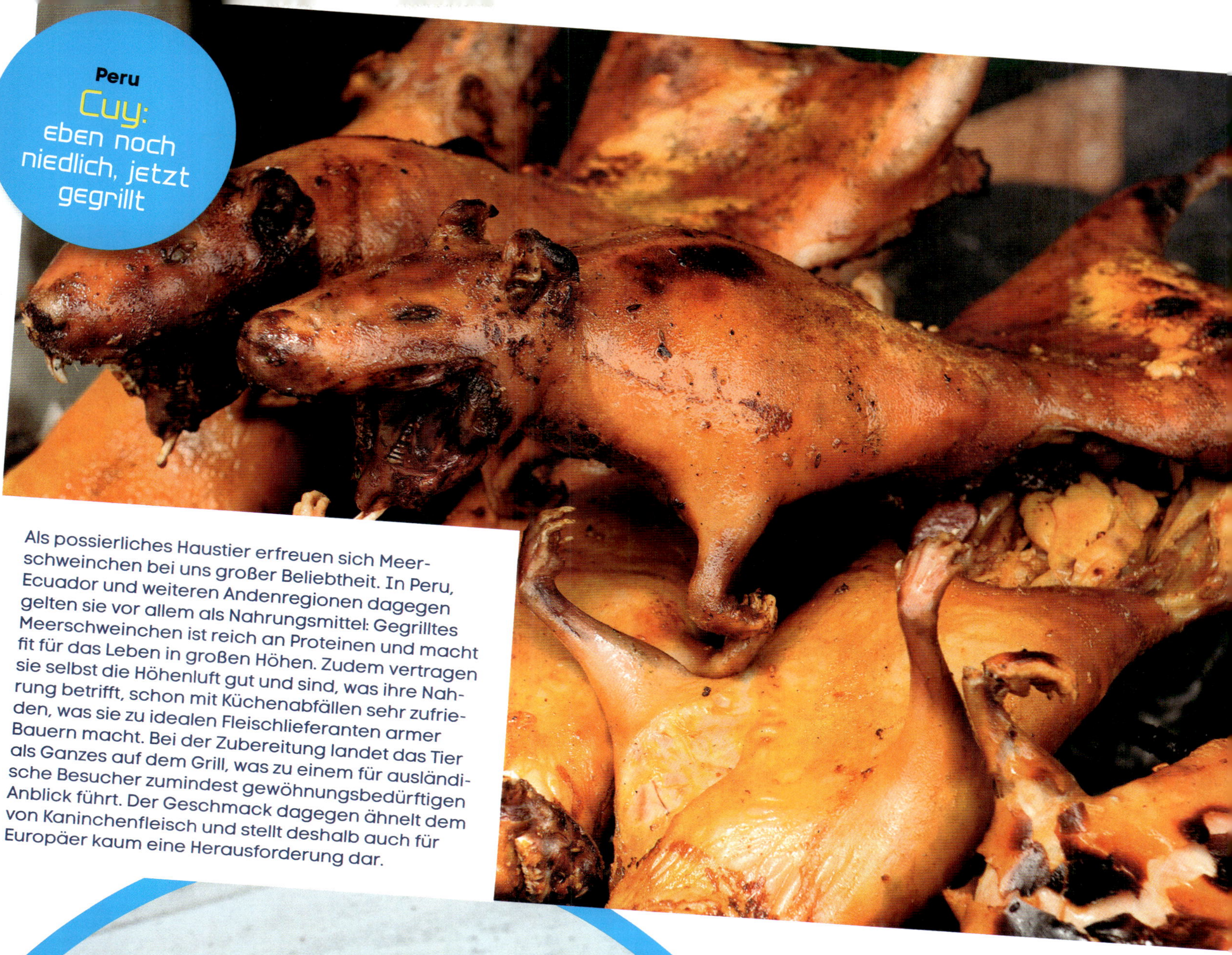

Peru

Cuy: eben noch niedlich, jetzt gegrillt

Als possierliches Haustier erfreuen sich Meerschweinchen bei uns großer Beliebtheit. In Peru, Ecuador und weiteren Andenregionen dagegen gelten sie vor allem als Nahrungsmittel: Gegrilltes Meerschweinchen ist reich an Proteinen und macht fit für das Leben in großen Höhen. Zudem vertragen sie selbst die Höhenluft gut und sind, was ihre Nahrung betrifft, schon mit Küchenabfällen sehr zufrieden, was sie zu idealen Fleischlieferanten armer Bauern macht. Bei der Zubereitung landet das Tier als Ganzes auf dem Grill, was zu einem für ausländische Besucher zumindest gewöhnungsbedürftigen Anblick führt. Der Geschmack dagegen ähnelt dem von Kaninchenfleisch und stellt deshalb auch für Europäer kaum eine Herausforderung dar.

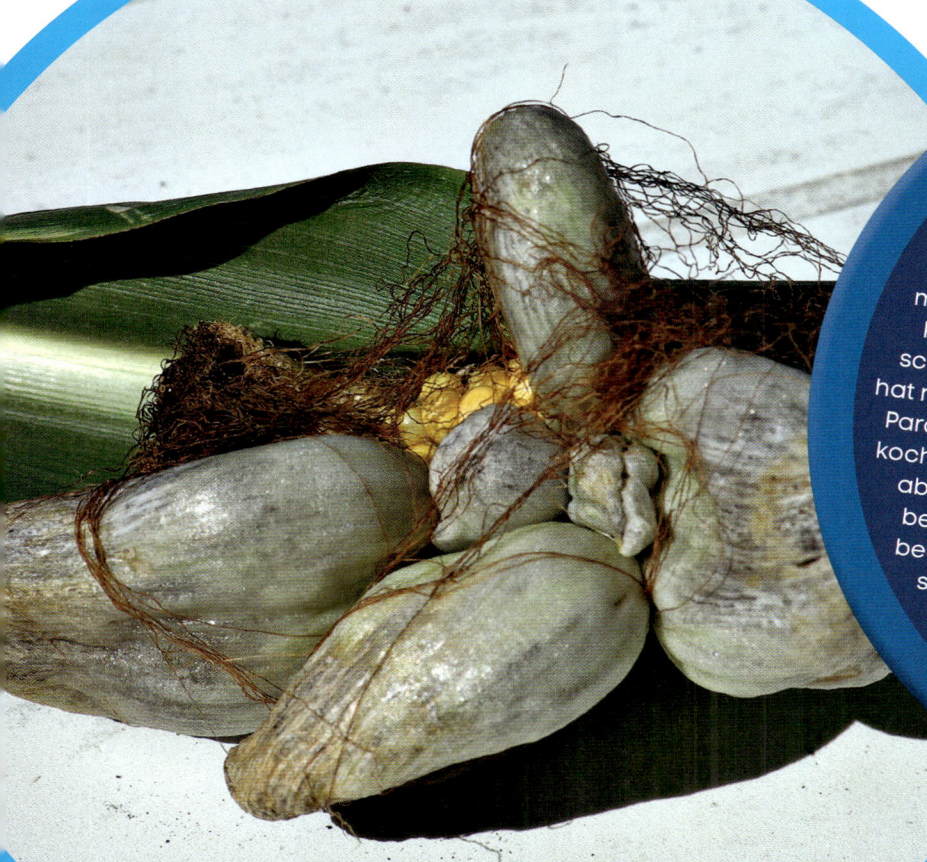

Mexiko

Huitlacoche: lecker Gammelmais

Maiskolben, die von Maisbeulenbrand befallen sind, machen einen nicht eben appetitlichen Eindruck: Der Pilz sorgt dafür, dass der Kolben anschwillt und sich schwarz verfärbt. Statt diese Maiskolben wegzuwerfen, hat man sie in Mexiko lieber zur Delikatesse erklärt: Die mit Parasiten durchsetzten, dunklen Ungetüme werden gekocht oder gebraten, wodurch sie leicht erdig, vor allem aber süß schmecken und als Füllung für eine Tortilla beliebt sind. Auch in Deutschland kommt der Maisbeulenbrand vor, gilt hier aber nicht als erwünscht, sondern als Schädling. Eine Gesundheitsschädigung ist zwar nicht nachgewiesen, sicher ist aber, dass er den Nährwert der beliebten Futterpflanze reduziert.

Die verrücktesten

THEMENPARKS
der Welt

Disneyland kennt jedes Kind – auch ohne jemals da gewesen zu sein. Freizeitparks wie den Euro-, Hansa- oder Heidepark dagegen hat wohl schon fast jeder einmal besucht. Wo aber kann man sich als Baggerfahrer mal so richtig austoben? Wie Harry Potter Zauberstäbe aus Stechpalmenholz kaufen? Oder aber schneller beschleunigen als ein Formel-1-Wagen? Ganz einfach: in den außergewöhnlichsten und verrücktesten Themenparks der Welt.

DIE SCHÖNSTEN FERRARIS DER GESCHICHTE SIND IM MUSEUM ZU BESTAUNEN

FERRARI WORLD
Von 0 auf 100 in zwei Sekunden

Ferrari und Italien gehören zusammen wie Bud Spencer und Terence Hill. Den Themenpark Ferrari World eröffnete der italienische Sportwagenhersteller 2010 allerdings im rund 4000 Kilometer entfernten Abu Dhabi. Der Stammsitz Ferraris, die Provinzstadt Maranello, wäre wohl zu klein gewesen. Auf Yas Island in Abu Dhabi erstreckt sich die Ferrari World über eine Fläche von 20 Hektar. Herzstück ist der mit rund 86 000 Quadratmetern größte überdachte Themenpark der Welt. Hier dreht sich alles um die Automarke. Ferrari im Simulator, Ferrari als Original, Ferrari als Achterbahn, Ferrari, Ferrari, Ferrari ...
Über 20 Attraktionen bietet Ferrari World. Darunter eine Freizeit-Rennstrecke, eine Gokart-Bahn, einen Rallye-Parcours und eine Drag-Racing-Piste. Außerdem gibt es natürlich ein Ferrari-Museum. Dazu kommen ein Show- und Theaterkomplex sowie Fahrschulen mit Renn-Schnupper-kursen für Kinder.
Im Zentrum des Parks steht »G-Force«, eine Vertikalfahrt, bei der die Passagiere 62 Meter hoch aus der Glastrichter-Dach-konstruktion gefahren werden, um nach einem kurzen Rundblick über Yas Island wieder auf irdischen Boden zu rasen. Hier bekommen Besucher einen Eindruck der G-Kräfte, wie sie in einem Formel-1-Wagen auftreten. Ein täuschend echtes Gefühl eines Formel-1-Rennens vermitteln auch die Trainingssimulatoren der Scuderia Challenge. Das Highlight der Ferrari World ist aber eindeutig die mit 240 km/h schnellste Achterbahn der Welt: Die Formula Rossa beschleunigt von 0 auf 100 in zwei Sekunden – schneller als ein Formel-1-Wagen.

FERRARI FÜR GROSS UND KLEIN, ALS ACHTERBAHN UND SIMULATOR

TOKIO
HELLO KITTY'S KAWAII PARADISE
Katzenwelt in Pink

Auch wenn sich die japanische Katzenfigur Hello Kitty seit Jahren weltweit großer Beliebtheit erfreut, ist die kleine weiße Katze ohne Mund nirgends so populär wie in ihrem Mutterland Japan. Auch wenn laut Charakterbeschreibung Hello Kitty eigentlich in einem Vorort von London zur Welt gekommen ist – entworfen wurde die Figur 1974 von der japanischen Designerin Yuko Shimizu für die Firma Sanrio. Mittlerweile gibt es über 50 000 verschiedene Hello-Kitty-Produkte. Von Schreibwaren und Puppen über Süßigkeiten und Spielzeug bis zu

Toastern, Schmuck und Mobiltelefonen. Auch betreibt die Firma Sanrio zwei große Erlebnisparks (Sanrio Puroland und Harmonyland) in Japan. Dort allerdings muss sich Hello Kitty ihren Auftritt mit anderen Charakteren des Sanrio-Universums teilen. Im Indoor-Themenpark Hello Kitty's Kawaii Paradise im Süden Tokios dagegen werden seit Oktober 2010 nun ausschließlich Fans der niedlichen Katze bedient. Auf knapp 1000 Quadratmetern bietet der Themenpark neben zahlreichen Dekorationen, Bildergalerien, Statuen und Springbrunnen ein Game-Center und ein Kino sowie ein Pancake-Restaurant, in dem die süßen Kuchen natürlich auch im Katzen-Look serviert werden. Am wichtigsten aber ist der größte Hello-Kitty-Geschenkeladen der Welt. Hier gibt es alles zu kaufen, was das Herz eines echten Fans höherschlagen lässt. Und natürlich dominiert im gesamten Themenpark die von Chefdesignerin Yuko Yamaguchi Mitte der 1990er-Jahre als offizieller Hello-Kitty-Hintergrund eingeführte Farbe Pink. Ob Vorhänge, Schilder, Tapeten, Teppiche, Säulen oder die Uniformen der Verkäuferinnen – am Ende des Rundgangs scheint es hier genauso viele Pinktöne zu geben wie Hello-Kitty-Produkte auf der Welt.

DIE ROSA WELT DES KÄTZCHENS IN ALLEN FORMEN UND GRÖSSEN

Caution Children Digging

EIN JUNGEN-TRAUM FÜR ERWACHSENE: EIN PARK VOLLER BAGGER

DIGGERLAND
Einmal Baggerfahrer

Fragt man Jungs, was sie einmal werden wollen, wenn sie groß sind, so liegen seit Jahrzehnten die Berufe Fußballer, Polizist, Pilot und Feuerwehrmann ganz weit vorne. Später, wenn dieselben Jungs erwachsen sind, heißen die klassischen Wünsche oft: einen Baum pflanzen, ein Haus bauen, ein Kind zeugen und ein Buch schreiben. Dabei geht ein Kindheitstraum oft unter: Bagger fahren und einmal mit großem Gerät in Matsch und Sand buddeln. Zumindest in England hat diese Träumerei einen ganz realen Platz gefunden: Diggerland. Im April 2000 eröffnete in Kent der erste von mittlerweile vier Themenparks (weitere in: Durham, Devon, Yorkshire) rund ums Baggern. Dabei ist jedes Diggerland von seinem Areal her unterschiedlich. Auch werden neben klassischen Schaufelbaggern zahlreiche weitere Baumaschinen, Fahrzeuge und Attraktionen angeboten. Mehr als 20 verschiedene in jedem Diggerland, darunter Mini-Traktoren, Dump Trucks (Muldenkippen), Gokarts und Land Rover. Aber auch Stuntshows oder zum Karussell oder Sky-Shuttle umgebaute Riesenbagger sorgen für Abwechslung. Und natürlich ist Diggerland nicht nur etwas für kleine und große Jungs, sondern für die gesamte Familie. Lediglich bei Körpergröße und Alter gibt es je nach Baufahrzeug einige Einschränkungen. Tatsächlich ist die Idee von Diggerland so simpel wie genial. Oder wie die Betreiber es sagen: »Amerika hat der Welt Disney geschenkt – wir gaben ihr Diggerland!«

LOVELAND
Aufklärung in den Flitterwochen

Indien hat bereits seit fast 2000 Jahren mit dem Kamasutra einen Leitfaden der Liebeskunst. Und in Deutschland sorgte in den 1970er-Jahren Oswalt Kolle mit seinen Filmen für sexuelle Aufklärung. In Korea dagegen war Sexualität noch bis zur Jahrtausendwende ein Tabuthema. Das schloss auch Sex vor der Ehe ein. Seit 2004 aber gibt es Loveland. Der Park auf der südkoreanischen Insel Jeju widmet sich ganz dem Thema der menschlichen Sexualität. Auf circa 7000 Quadratmetern stehen 140 Skulpturen, Statuen, die verschiedene Sexpositionen darstellen, riesige Stein-Penisse oder interaktive Erotikdarstellungen. Loveland soll humorvoll aufklären und Anregung für frisch verheiratete Paare bieten. Bereits zwei Jahre vor der Parkeröffnung hatten 20 Absolventen der Hongik-Universität in Seoul damit begonnen, die erotischen Kunstwerke zu schaffen. Die Insel selbst war bereits seit den Sechzigern ein beliebtes Flitterwochenziel in Südkorea. So befindet sich auf Jeju unter anderem auch ein Museum für Sex und Gesundheit. Trotz aller Brüche mit traditionellen Tabus: Der Zugang zum Loveland ist erst ab 18 Jahren gestattet.

SEXUELLE BILDUNG FÜR SÜDKOREAS FRISCH-VERMÄHLTE

oh~oops

GRŪTAS-PARK
Zwischen Charme und Schrecken

Eigentlich ist die Dzūkija-Region im Süden Litauens vor allem für ihre reizvolle Landschaft, leckere Waldpilze und den historischen Kurort Druskininkai bekannt. Seit gut zehn Jahren aber schallen aus einem Kiefernwald bei Grūtas, unweit der weißrussischen Grenze, sowjetische Weisen, durchschneiden Stacheldrahtzäune die Natur und thronen steinerne Stalin- und Lenin-Statuen auf grünen Wiesen. Auf 20 Hektar stehen mehr als 80 Monumente aus der Zeit der sowjetischen Besatzung Litauens. Propagandastatuen, die während der Wiedererlangung der Unabhängigkeit zwischen 1989 und 1991 aus den Stadtzentren entfernt wurden. Im Grūtas-Park wurden sie in einem eingezäunten Waldstück wieder aufgebaut. Gegründet wurde der Themenpark als Mahnung an die über 50-jährige Besatzungszeit, in der Litauen unter Okkupation und Deportation durch die Sowjets leiden musste.

DER LEIDENS-WEG CHRISTI ALS ATTRAKTION EINES FREIZEITPARKS

BUENOS AIRES

TIERRA SANTA
Hosianna dem Heiland

Vielleicht liegt es an der großen Entfernung zum Heiligen Land. Vielleicht auch daran, dass fast 90 Prozent der Bevölkerung Argentiniens Katholiken sind. Es wird seinen Grund haben, dass ausgerechnet in Buenos Aires der erste christliche Themenpark der Welt eröffnet wurde. Tierra Santa bietet auf sieben Hektar buntes Bibel- und Kirchenspektakel. Von der Schöpfung über die Geburt Jesu, das letzte Abendmahl bis zur Kreuzigung und Auferstehung des Heilands. Mal mit Figuren, mal mit Schauspielern dargestellt. Dabei sieht Tierra Santa aus wie das biblische Jerusalem – oder so, wie es sich die Macher des Parks vorgestellt haben: sandfarbene Häuschen mit Flachdächern, große Gebäude mit goldenen Kuppeln, künstliche Palmen und weiße Kieswege, dazwischen römische Soldaten in Plastikrüstung. Höhepunkt ist die Inszenierung der Auferstehung. Aus einem Berg schiebt sich stündlich eine über zehn Meter große Jesusstatue aus Pappmaché gen Himmel. Das mag manch einem Betrachter skurril erscheinen. Wer aber auf der anderen Seite des Berges mit Zuckerwatte in der Hand bereits die Kreuzigungsszene Jesu betrachtet hat, den wundert nichts mehr.

FLORIDA
THE WIZARDING WORLD OF HARRY POTTER
Zauberhafte Zauberwelt

Es war nur eine Frage der Zeit, bis Rowlings Harry Potter auch als Themenpark realisiert werden würde. Auf dem Gelände von Universals Island of Adventures in Orlando, Florida, eröffnete im Sommer 2010 The Wizarding World of Harry Potter. Nach fünf Jahren Bauzeit und Kosten von knapp 270 Millionen Dollar präsentiert sich die Potter-Welt als lebendige Filmkulisse. Den Beginn macht das Dörfchen Hogsmeade, unter anderem mit dem Gasthaus Drei Besen und dem Süßwarengeschäft Honigtopf. Hier gibt es auch »Bertie Botts Bohnen jeder Geschmacksrichtung«. Hoch über vielen weiteren detailgenauen Potter-Kulissen und Attraktionen thront die Zauberschule Hogwarts – mit 45 Metern nicht so groß wie das Original, aber dennoch beeindruckend. Im Inneren erwartet die Besucher ein Feuerwerk an Technik und täuschend echten Projektionen: sprechende Porträts in den Schulgängen, fliegende Kerzen im großen Speisesaal oder die exakte Filmkulisse von Dumbledores Arbeitszimmer. Höhepunkt ist der rasante multimediale Flugsimulator »Harry Potter und die verbotene Reise«. Doch ob Bertie Botts Bohnen mit der Geschmacksrichtung Popel wirklich danach schmecken, wird wohl nur der Besucher wissen, der schon das Original probiert hat.

MIT ALLEM DRUM UND DRAN: HARRY POTTERS WELT, NACHGEBAUT IN FLORIDA

DOLLYWOOD
Hör mal, wer da singt

Es gibt zwei gute Gründe für eine Reise nach Tennessee. Zum einen natürlich die Musik: Nirgendwo wurden Blues, Soul, Rock 'n' Roll und Country-Musik stärker geprägt als in Memphis oder Nashville. Zum anderen die Natur: Die Pflanzen- und Tierwelt der Smoky Mountains zählt zu den ältesten und artenreichsten der Vereinigten Staaten. Und dann wäre da noch Dollywood. Ein Freizeitpark im kleinen Städtchen Pigeon Forge. Hier trifft sich nämlich beides: Musik und Natur. Auf über 60 Hektar gibt es Country, Bluegrass oder Southern Gospel in saisonal wechselnden Liveshows, spektakuläre Fahrgeschäfte durch die Flüsse und Wälder Tennessees und über 50 Shops und Restaurants bieten ein großes Angebot an Südstaatenküche und jede Menge Nostalgie. Hauptattraktion in Dollywood sind zwar die Holzachterbahn Thunderhead und die Stahlachterbahn Mystery Mine. Aber auch eine dampfbetriebene Eisenbahn, mit der man durch das Gelände in der Nähe des Great-Smoky-Mountain-Nationalparks fahren kann, erfreut sich großer Beliebtheit. Gegründet wurde der Park unter dem Namen Rebel Railroad bereits 1961. Aber erst als Countrysängerin Dolly Parton, die ihre Jugend in den Smoky Mountains verbracht hatte, 1986 als Miteigentümerin einstieg, erhielt der Park seinen heutigen Namen und wurde weit über Tennessee hinaus bekannt. Heute besuchen etwa 2,5 Millionen Menschen jährlich Dollywood. 2001 wurde der Park um die Wassererlebniswelt Dollywood's Splash Country erweitert.

DIE KLEINE, HEILE WELT VON COUNTRY-LEGENDE DOLLY PARTON

Die VERRÜCKTESTEN FAHRZEUGE der Welt

Weltweit gibt es etwa eine Milliarde Autos, aber nur knapp 1000 verschiedene Modelle. Von denen sehen sich viele auch noch zum Verwechseln ähnlich. Doch es gibt sie noch, die Fahrzeuge, die keinem anderen gleichen. Galileo hat sie aufgespürt.

70 km/h

Ein Batmobil zum Selberfahren

Mark Racop ist Batman-Fan, seit er ein Kind war. Im Alter von zwei Jahren sah er zum ersten Mal ein Batmobil im Fernsehen und hatte fortan einen Traum: sich sein eigenes Superhelden-Auto zu bauen. Diesen Traum hat er verwirklicht: Seine Werkstatt im US-Bundesstaat Indiana fertigt fahrbereite Batmobile an. Kosten: 120 000 bis 260 000 Dollar, je nach Ausstattung. Dafür gibt es ein Fahrzeug, das dem Original aus der Fernsehserie der 1960er-Jahre bis auf den Kotflügel gleicht. Sogar der Flammenwerfer ist an Bord. Technisch gesehen ist das Batmobil der Neuzeit zwar ein relativ normales Auto, basierend auf einem stabilen Rahmen des Limousinenherstellers Lincoln. Das über sechs Meter lange Fahrzeug fährt sogar nur 70 Stundenkilometer schnell, doch statt um Tempo geht es Mark Racop viel mehr um den großen Auftritt. Und der gelingt dank des ausschweifenden Chassis, der auffälligen Lackierung und der Signalleuchten problemlos.

Superbus: der Bus der Zukunft?

An der Technischen Universität im niederländischen Delft hat man sich vorgenommen, die Zukunft des öffentlichen Nahverkehrs zu erfinden. Das Ergebnis jahrelanger Forschung: der Superbus. Mit einem herkömmlichen Bus hat das Gefährt nichts mehr zu tun. Der Superbus ist voll mit technischen Finessen: Er kann bis zu 23 Fahrgäste transportieren, die durch 16 Flügeltüren bequem ein- und aussteigen können. Die Höchstgeschwindigkeit liegt bei 250 Kilometern pro Stunde, dank mitlenkender Hinterachsen kommt das 15 Meter lange Gefährt auch in engen Kurven nicht in Schwierigkeiten. Das vollelektrisch angetriebene Fahrzeug fährt nicht nur feste Haltestellen an: Passagiere bestellen den Bus per SMS oder Internet und werden abgeholt. Das bislang einzige Manko: Trotz jahrelanger Forschungsarbeit reicht die Akkuleistung bisher nur für etwa 200 Kilometer Fahrt. Es gibt für die Entwickler also noch einiges zu tun, doch erste Anfragen für das fertige Produkt gibt es bereits: In Dubai könnte der Superbus bereits im Jahr 2015 an den Start gehen.

250 km/h

YikeBike:
Die Revolution des Klapprads

25 km/h

Das gute, alte Klapprad hat einen unschlagbaren Vorteil: Es ist klein, leicht und auch dort bequem transportabel, wo man nicht auf ihm fahren kann. Sein Nachteil: Seine kleinen Räder machen das Fahren auf ihm anstrengend. Die Lösung kommt aus der Stadt Christchurch in Neuseeland: Das YikeBike ist ein elektrisch angetriebenes Fahrrad, das nur gute elf Kilo wiegt und zusammengeklappt kaum größer als ein Rucksack ist. Der Clou: Der kleine Elektromotor ist platzsparend am Vorderrad angebracht; die kleine Maschine beschleunigt das Fahrrad auf 25 Stundenkilometer. Auch die restliche Elektronik wie ABS und Bremsenergie-Rückgewinnung steckt im Rad, was die platzsparende Bauweise erst ermöglicht. Das Zusammen- oder Auseinanderklappen dauert nur etwa zehn Sekunden. Ein wenig Eingewöhnung ist zwar erforderlich, wenn man zum ersten Mal auf dem leicht skurril aussehenden Rad sitzt, doch nach etwa fünf Minuten haben auch ungeübte Fahrer den Bogen raus.
Übrigens: Seinen Namen hat das Bike der Zukunft Passanten auf der Straße zu verdanken. Als Erfinder Grant Ryan sich auf seine erste Testfahrt begab, riefen die: »Huch!« – auf Englisch: »Yike!«

TOYO TIRES

Kanada

Unterwegs auf einer Riesenspinne

6 km/h

Sieben Freunde aus Vancouver an der Westküste Kanadas sind so etwas wie die moderne Reinkarnation von Leonardo da Vinci. Der italienische Künstler entwarf vor 500 Jahren bereits die abenteuerlichsten Fortbewegungsmittel, darunter zum Beispiel einen Hubschrauber. Nur konnte Leonardo seine Erfindungen nie bauen, dazu fehlten ihm entweder die technischen Möglichkeiten oder das Geld, meistens beides. Die sieben Entwickler des Mondo Spider indes haben ihren Entwurf auch in die Tat umgesetzt: eine achtbeinige Riesenspinne, die sich mittels zweier Hebel steuern lässt und einen Passagier auch über unebenes Terrain bringt. Jedes der acht Beine ist an einer Kette aufgehängt, der Ritt auf der Riesenspinne ist ein holpriges, aber sensationell unterhaltsames Erlebnis. Der ursprünglich verwendete Kraftradmotor wurde vor einigen Jahren übrigens ausgetauscht: Mittlerweile verrichtet ein Elektromotor im Mondo Spider abgasfrei seinen Dienst.

England

Das Superseniorenmobil

111 km/h

In seiner englischen Heimatstadt Stamford ist Colin Furze kein Unbekannter. In seiner eigenen Fernsehshow präsentierte er seine verrückten Erfindungen, darunter das längste Motorrad der Welt und den schnellsten Kinderwagen. Superlative sind seine Leidenschaft. Sein jüngster Coup: das schnellste Seniorenmobil der Welt. Statt eines üblichen Elektromotors hat Furze in sein Höllenfahrzeug einen 125-Kubikzentimeter-Rollermotor samt Fünfgang-Fußschaltung eingebaut. Drei Monate lang hat er dafür geschraubt. Die Belohnung der harten Arbeit ist eine Spitzengeschwindigkeit von 111 Sachen. Auf der Rennstrecke, die ihm für Testfahrten dient, ist die Raserei mit dem Senioren-Scooter nicht ungefährlich, denn abgesehen vom Motor ist das Fahrzeug immer noch auf die gemächlichen Geschwindigkeiten des Originals ausgelegt. Also gilt: Lenker gerade halten, sonst passiert schnell ein Unglück.

DIE VERRÜCKTESTEN [HOBBYS] DEUTSCHLANDS

Fußball spielen, mit dem Hund Gassi gehen, kochen – das machen wir Deutschen in unserer Freizeit am allerliebsten. Aber es geht natürlich auch verrückter. Wir haben Menschen mit richtig skurrilen Freizeitbeschäftigungen getroffen. Galileo präsentiert die ungewöhnlichsten Hobbys Deutschlands.

BAKEDE
Unendliche Weiten

Im niedersächsischen Bakede lebt die Leidenschaft – zumindest die für die berühmte TV-Serie *Star Trek*. Martin Netter hat rund um die Abenteuer von Captain Kirk und seinen Nachfolgern eine Sammlung zusammengestellt, die weltweit ihresgleichen sucht. Allein mehr als 1000 Originalkostüme sind in seinem Besitz, und für größere Requisiten wie das Shuttle der *Enterprise* legt er gern einmal 20 000 Euro auf den Tisch. Selbst die legendäre Brücke aus der Originalserie konnte Netter schon erstehen. Freilich hat die Sammelleidenschaft Martin Netter längst an seine finanziellen Grenzen gebracht, allein für die Lagerung gibt er monatlich 5000 Euro aus. Seine neueste Vision: ein begehbares Raumschiff, ausgestattet mit seinen Sammlerstücken. Für die dafür benötigten fünf Millionen Euro sucht er nun Sponsoren.

HAGEN
Von wegen Spielzeugeisenbahn

Ein Faible für die Eisenbahn haben viele Männer. Ekke-hard Müller-Kissing aus dem nordrhein-westfälischen Hagen gibt sich jedoch nicht damit zufrieden, im Keller eine Spielzeugeisenbahn fahren zu lassen. Sein Hobby: Feldbahnen. Dies sind kleine Schmalspureisenbahnen, die früher häufig in Fabriken oder Bergwerken zum Ein-satz kamen. Seit gut 20 Jahren sammelt Müller-Kissing Feldbahnen; 15 Lokomotiven besitzt er mittlerweile. Damit die Schmuckstücke nicht nur im Schuppen ste-hen müssen, hat er sogar 500 Meter Gleise in seinem Garten verlegt – Weichen inklusive. Seine Lieblingslok nimmt Müller-Kissing sogar mit in den Urlaub, selbst am Mont Blanc war sie schon: Dort gibt es passende Gleise. Den Transport dorthin erledigte der stolze Sammler allerdings mithilfe eines Autoanhängers.

HELFENBRUNN
Fantasie in Gefahr

Eine halbe Stunde nördlich von München hat sich Helmut Pokorny eine eigene Welt gebaut: die Welt der Fantasie. Seit mehr als 30 Jahren arbeitet Pokorny an seinem Traum: Der Orient-Express, Schloss Neuschwanstein und die *Titanic* entstanden während dieser Zeit in seinem Garten. Dann kam das Ende: Anfang 2012 kündigte ihm sein Vermieter wegen Eigenbedarfs. Pokorny sollte wegziehen – das Ende seines Traums. Rettung könnte ein anderes seiner Werke bringen: Im Keller des Hauses hat er ein U-Boot nachgebaut. Dieses will er nun in Kleinserie produzieren und von dem Erlös das Grundstück kaufen.

BURGKUNSTADT
Die Superzwillen

Jörg Sprave aus dem oberfränkischen Burgkunstadt geht einer recht martialischen Freizeitbeschäftigung nach: Er baut Schleudern. Seine originellen Konstruktionen bringen alles Mögliche von der Boule-Kugel übers Sägeblatt bis zum Bleistift zum Fliegen. Seit fünf Jahren baut der IT-Fachmann an jedem Wochenende eine Schleuder. Mehr als 250 Modelle sind so bisher zusammengekommen. 300 000 Abonnenten folgen bereits seinem YouTube-Kanal »Slingshot Channel«, auf dem er an jedem Sonntag seine neueste Kreation vorstellt. Regelmäßig bekommt er Anfragen von Fans, die seine Kreationen kaufen möchten, doch Sprave denkt nicht daran: Für ihn bleiben seine Schleudern ein reines Hobby.

FÜRTH
Reine Frauensache?

Millionen von deutschen Männern kennen das: Der Schuhschrank der Liebsten quillt über. Es geht aber auch andersherum: »Sneaker Tony« aus Fürth hat in seiner 55-Quadratmeter-Wohnung mehr als 800 Paar Turnschuhe gesammelt. Seit 19 Jahren verfolgt der 37-Jährige bereits seine Leidenschaft. Sein Spezialgebiet: der »Air Force One« von Nike. Allein von diesem Modell besitzt Tony über 600 Paar. Der Wert seiner Sammlung ist dabei kaum bestimmbar, denn Turnschuhsammler verkaufen ihre Exemplare fast nie, sondern tauschen sie über Internetbörsen. Hierbei herrscht vollkommene Subjektivität: Was für den einen wertlos ist, kann das langjährige Objekt der Begierde eines anderen sein.

CELLE
Benzin im Blut

Hauptberuflich betreibt Michael Vogt ein Fitnessstudio, doch sein Hobby machte ihn bereits zum mehrfachen Deutschen Meister: Vogt fährt Drag-Races, bei denen man in aufgemotzten Autos über eine Strecke von 400 Metern jagt. Hierbei zählt vor allem die Beschleunigung – und die erreichen die »Dragster« genannten Autos, indem ihnen neue, unglaublich leistungsstarke Motoren verpasst werden. Hierbei kommen alle möglichen Typen zum Einsatz, Michaels Chevrolet Bel Air von 1955 etwa kommt auf eine Leistung von 1680 PS. In jedem Winter, wenn keine Rennen stattfinden, wird weiter am Motor geschraubt. Gefahren wird übrigens nur auf Rennstrecken – ganz legal.

Die VERRÜCKTESTEN MASCHINEN der Welt

Sie verpacken Münzen oder Nikoläuse, weben Teppiche und schlagen Eier auf, was das Zeug hält – nichts ist vor ihnen sicher. Galileo zeigt die vier schnellsten Maschinen.

EUROPACK:
eine halbe Million Münzen täglich

Bis zu 1,7 Milliarden Münzen prägen deutsche Münzämter jährlich – und alle werden gezählt und verpackt, bevor sie an die Bundesbank geliefert werden. Hierbei lassen sich die Ämter von einer Anlage namens Europack helfen. Bis zu 500 000 Münzen fabriziert eine Prägerei täglich, pro Rolle dürfen aber nur 25 Münzen enthalten sein. Dafür zu sorgen, dass jede Rolle exakt die erforderliche Anzahl an Münzen enthält, ist eine Herausforderung, der sich Hochleistungswaagen und enorm präzise Zählgeräte stellen.

Die fertig geprägten Münzen fallen zunächst durch einen Trichter, der immer genau 25 Stück durchfallen lässt. Dann werden sie auf einem Fließband zu einer Rolle geformt und verpackt. 30 solcher Rollen schafft die Maschine in einer Minute. Im Falle von Zwei-Euro-Münzen werden so minütlich 1500 Euro abgezählt und verpackt. Über ein Förderband wandern die Rollen zu einer Verpackungsstation, an der jeweils zehn Rollen zusammen eingeschweißt werden. Auf dem Weg dorthin passieren sie eine Waage, die nochmals prüft, ob die Rollen auch genau das erforderliche Gewicht besitzen. Fehlerhafte Rollen werden sofort automatisch aussortiert. Erst im letzten Arbeitsschritt kommen dann Menschen zum Einsatz, die jeweils 300 Pakete mit je zehn Rollen in einen Container verpacken. Dieser, 150 000 Euro wert, wird zu guter Letzt an die Bundesbank geliefert.

SCHOKO-VERPACKUNGSMASCHINE: Weihnachten am Fließband

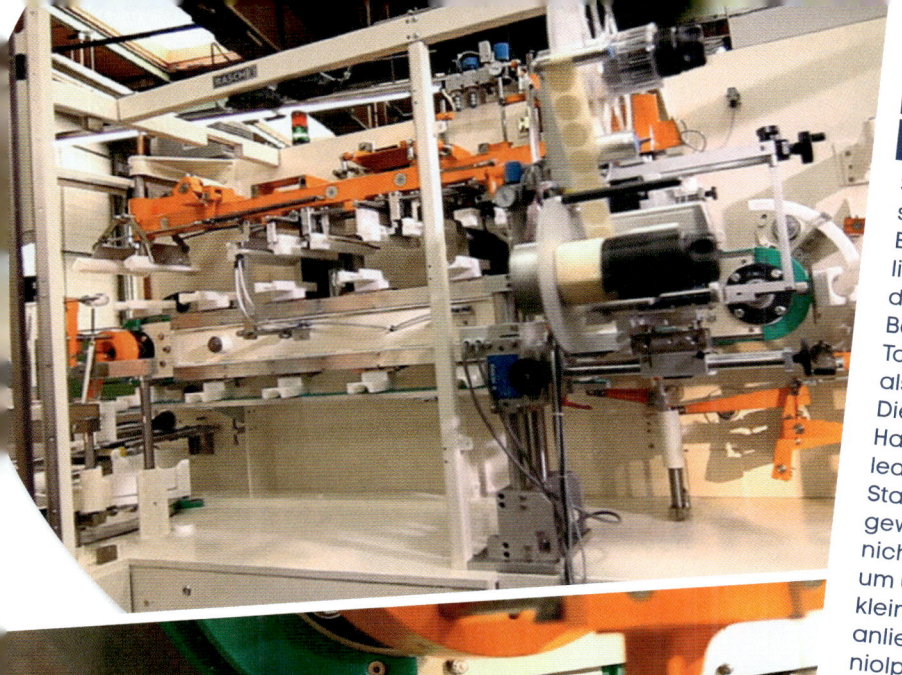

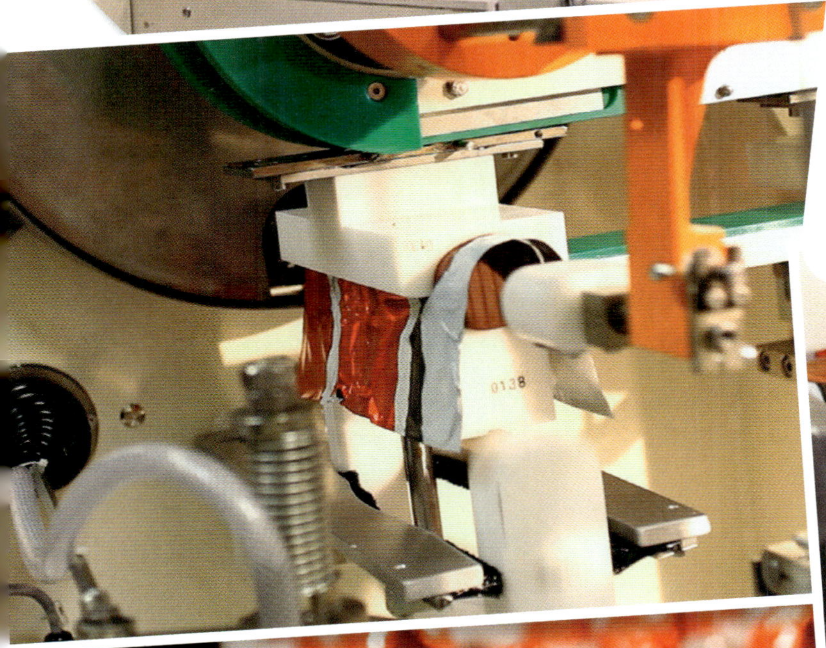

Schon ab September geht es alljährlich los: Die Kaufhäuser füllen sich allmählich mit Weihnachtsutensilien aller Art. Eines der wichtigsten darunter: der Schoko-Nikolaus. Möglich wird das nur durch eine Verpackungsmaschine mit dem nüchternen Namen RG5 und der noch nüchterneren Bezeichnung »Hohlkörperverpackungsmaschine«. Das 3,6 Tonnen schwere Gerät verpackt 33 Nikoläuse pro Minute, also einen in weniger als zwei Sekunden.

Die fertig gegossenen Schokoladenfiguren werden von Hand auf die Maschine gelegt. Das präzise Verpacken erledigt nun die Maschine, indem sie zunächst einen Bogen Stanniolpapier genau mittig auflegt und leicht andrückt – gewickelt wird beim Verpacken von Schoko-Nikoläusen nicht. Nach dem Auflegen dreht die Maschine die Figur um und drückt die losen Enden des Papieres zusammen, kleine Schieber sorgen dann dafür, dass das Papier exakt anliegt. Abschließend drücken kleine Stempel das Stanniolpapier noch an die Unterseite des Nikolauses, bevor ein Aufkleber alles verschließt.

Erstaunlich am RG5 ist nicht nur die Geschwindigkeit und Präzision, mit der das Gerät seinen Dienst verrichtet – sondern auch, dass die Maschine bei ihrer flotten Vorgehensweise nahezu nie einen Schoko-Nikolaus kaputtmacht.

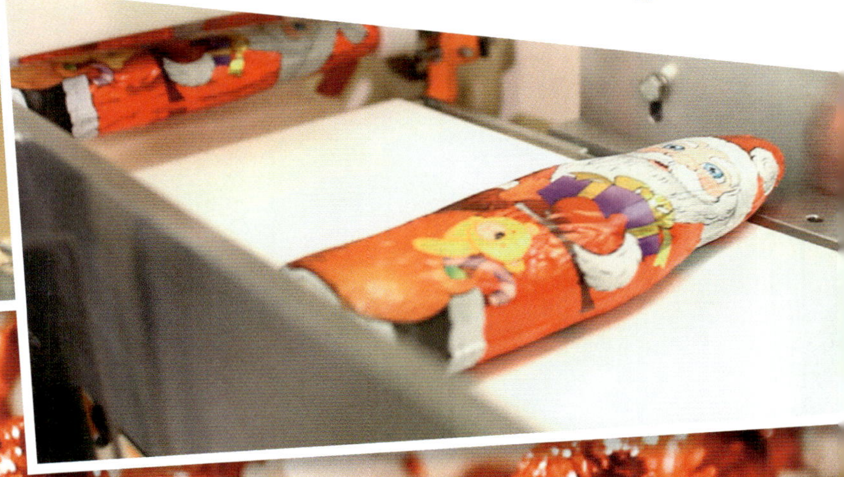

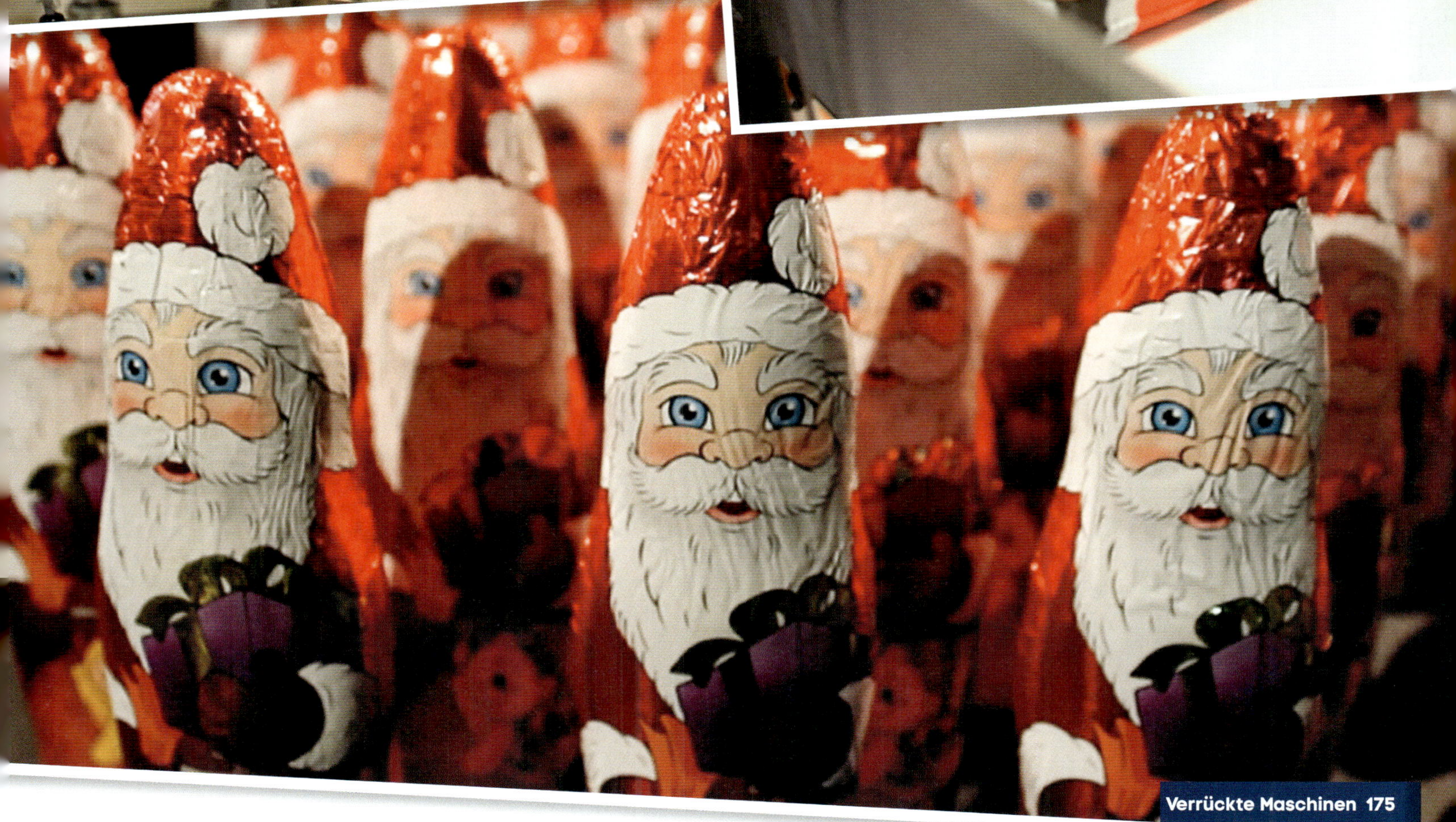

HIGH-SPEED-WEBMASCHINE:
170 Stiche pro Minute

Teppich ist teuer, Preise von 40 Euro für einen Quadratmeter sind keine Seltenheit. Dies liegt längst nicht nur am verwendeten Material, sondern auch am Aufwand, den ein Teppich bei der Herstellung verursacht. Denn selbst eine High-Speed-Webmaschine benötigt für 100 Quadratmeter Teppich vier Stunden, dafür frisst sie 600 Kilometer Garn.

Der Faden wird über Spulen zur Stahlnadel geführt, die 170-mal in der Minute zusticht. Dabei zieht sie den dünnen Faden durch eine Reihe von gespannten Garnreihen. Genau in der Mitte des Teppichs übergibt die Maschine den Faden an eine andere Nadel, die ihn zur anderen Seite des Teppichs zieht. Mit dem bloßen Auge ist das nicht nachzuverfolgen.

Kein Wunder, dass bei diesen Geschwindigkeiten schon einmal Fehler passieren – doch das liegt dann eher am Garn, das reißen kann. Passiert dies, stoppt die Maschine automatisch. Das Beheben des Fehlers ist dann wiederum klassische Handarbeit.

29 000 Eigelb, bitte

Die Lebensmittelindustrie benötigt Unmengen an Eiern – nicht nur ganze, sondern für die Weiterverarbeitung auch aufgeschlagene, getrennte und verpackte. Um diesen Job kümmert sich eine hoch spezialisierte Maschine mit einer wahnsinnigen Geschwindigkeit.

29 000 Eier pro Stunde schlägt die von der auf Lebensmittelgrundstoffe spezialisierten Firma Ovobest verwendete Maschine auf, was fast 500 Eiern pro Minute entspricht. Dabei hängen die Eier zunächst in einer Art sich sehr schnell drehenden Karussells, bei dem ein Messer von unten in die vorbeirasenden Eier schlägt. Dotter und Eiweiß fallen in der Folge heraus und in eine Auffangschale. Dort werden sie kräftig durchgeschüttelt, wodurch das Eiweiß abläuft und in einer weiteren Schale aufgefangen wird. Das Eigelb bleibt derweil unversehrt in seinem Behälter. Zu seinem Abtransport senkt die Maschine automatisch die Schalen, das Eigelb fließt ab und wird in einem Behälter gesammelt.

Aus dem Eiweiß werden nun zum Beispiel Schaumküsse hergestellt, Eigelb bildet den Grundstoff für Mayonnaise und viele Fertigsoßen.

Galileo
EXTREM
WELTWEIT

Eine ganze Stadt aus Eis. Ein Ort, der so abgelegen ist, dass die Post nur einmal im Jahr kommt, der aber zu England gehört. Ein Volk, das mitten in den USA ganz bewusst ohne Strom, Internet und Autos lebt. Galileo zeigt die unglaublichsten Menschen, Tiere und Orte der Welt.

DIE ENTLEGENSTEN ORTE DER WELT

In Deutschland ist es meist nicht weiter als ein paar Kilometer bis ins nächste Dorf. Wer sehr viel Pech hat, muss zehn Kilometer fahren, um die nächstgelegene Tankstelle zu finden. Von solchen Dimensionen können die Menschen in den Orten, die wir hier vorstellen, nur träumen. Denn entlegener als in Tristan da Cunha, La Rinconada, Nauru und Co. kann man auf der Welt nicht leben.

TRISTAN DA CUNHA:
Willkommen in England, Teil 1

Am 9. Oktober 1961 brach Queen Mary's Peak aus. Der Vulkan thront über Edinburgh of the Seven Seas, dem einzigen Ort auf der Insel Tristan da Cunha. Da die Insel zum Vereinigten Königreich gehört, wurden alle Bewohner nach England evakuiert. Dort hoffte die Regierung nun, sie würden bleiben. Tristan da Cunha liegt mitten im Südatlantik, 2800 Kilometer von Afrika und mehr als 3000 Kilometer von Südamerika entfernt. Doch die Menschen wollten zurück. Heute leben auf Tristan da Cunha knapp 300 Menschen aus sieben Familien. Die Einwohner produzieren das, was sie zum Leben brauchen, selbst. Sie besitzen etwas Vieh, fangen Langusten und ziehen Kartoffeln, außerdem arbeiten die Erwachsenen ein paar Stunden in der Woche im öffentlichen Dienst. Es gibt einen Polizisten, eine Kneipe, ein Museum, ein Krankenhaus, zwei Kirchen und ein Museum. Seit einigen Jahren ist die Insel per Satellit mit dem Internet verbunden. Die Post kommt nur alle paar Monate mit den wenigen Frachtschiffen, die die Insel anfahren. Eine Landebahn existiert nicht. Nur selten erreicht ein Expeditionsschiff mit Passagieren Tristan da Cunha. Doch auch dessen Gäste bleiben nicht lange: Es gibt kein Hotel.

EDINBURGH OF THE SEVEN SEAS: DIE ENTLEGENSTE SIEDLUNG DER WELT

FALKLAND-INSELN: LEBEN ZWISCHEN PINGU-INEN, FISCHEREI-SCHIFFEN UND MINENFELDERN

FALKLANDINSELN:
Willkommen in England, Teil 2

Im Jahr 1982 sah die ganze Welt auf eine kleine Inselgruppe im südlichen Atlantik: Damals begann die Armee der argentinischen Militärjunta eine Invasion, um die Islas Malvinas, wie die Falklandinseln auf Spanisch heißen, zu erobern. Der Falklandkrieg dauerte keine drei Monate, doch er kostete 900 Menschenleben, und bis heute existieren auf der Hauptinsel Minenfelder. Sie sind die Relikte eines Krieges, der nichts änderte: Nach wie vor gehören die Falklands zu England, und trotzdem erhebt Argentinien immer wieder Ansprüche auf die Inselgruppe. Aus diesem Grund leben die Einwohner der Falklandinseln sehr abgeschieden, obwohl die nächste Küste relativ nahe liegt. Denn die gehört zu Argentinien. Bessere Beziehungen bestehen zu Chile, doch dessen Hauptstadt Santiago liegt weit über 2000 Kilometer entfernt. Bis nach London sind es gar 12 000 Kilometer. Dorthin ziehen junge Falkländer, um ihre Ausbildung zu absolvieren – und dann fast immer zurück nach Hause zu kommen.

Trotz der abgeschiedenen Lage ist das Leben in Stanley, dem gut 2000 Einwohner zählenden Hauptort der Falklands, nicht einsam. Ganzjährig kommen Fischereischiffe aus Afrika und Asien, denn in Stanley gibt es die Lizenzen für den Fischfang in den umliegenden Gewässern. Auch Kreuzfahrtschiffe kommen hierher: Auf den Falklands leben nämlich Königspinguine. Entsprechend existieren in Stanley sogar zwei Hotels, und mehrere Einwohner bieten Bed and Breakfast an. Mitunter passiert es, dass tagsüber das Wetter umschlägt und die See rund um die Insel urplötzlich große Wellen schlägt. Dann können die Passagiere der Kreuzfahrtschiffe abends die Insel nicht verlassen. Zum Glück ist man in Stanley gastfreundlich und improvisationsbereit: Kurzerhand wird dann die Kirche zum Schlafsaal umfunktioniert, und jede Familie nimmt so viele Gäste bei sich auf, wie sie unterbringen kann. So ist das Leben auf den Falklands: langsam zwar, aber auf keinen Fall langweilig.

OIMJAKON: NIRGENDWO IN DER BEWOHNTEN WELT WIRD ES KÄLTER ALS HIER

OIMJAKON:
das Eisfach der Welt

Es gibt Städte, die dem Nordpol wesentlich näher sind als Oimjakon im östlichen Russland. Dennoch liegt hier der Kältepol der bewohnten Welt. Nirgendwo in bewohntem Gebiet wird es kälter als hier. Minus 72 Grad Celsius wurden hier bereits gemessen. Trotz der eisigen Verhältnisse leben 500 Menschen das ganze Jahr über in Oimjakon. In der Nähe gibt es zwei Flugplätze; der Ort selbst beherbergt sogar Schulen, Theater, Museen und Außenstellen zweier Universitäten. Freilich sehen die Bewohner Oimjakons sich im Winter besonderen Herausforderungen ausgesetzt: Das Dorf ist dann von der Außenwelt abgeschnitten, nur im Sommer verbindet eine Straße Oimjakon mit der 120 Kilometer entfernten Großstadt Jakutsk.

LA RINCONADA:
die Hölle im Himmel

Eine Stadt in über fünf Kilometern Höhe – das klingt nach Science-Fiction. La Rinconada in Peru, nahe der Grenze zu Bolivien, liegt aber tatsächlich in 5100 Metern Höhe mitten in den Anden. Eine nahe Goldmine ist Hauptarbeitgeber der Bewohner und der einzige Grund, warum diese Siedlung existiert. La Rinconada ist die höchstgelegene Siedlung der Welt. Kaum ein Tourist verirrt sich in diese Gegend, wo die Temperatur fast nie über den Gefrierpunkt steigt. Keine asphaltierten Straßen durchziehen die improvisierte Stadt. In den Wellblechhütten gibt es kein fließendes Wasser, die Stadt verfügt über keine Kanalisation, die hygienischen Verhältnisse sind verheerend. Das zur Verarbeitung von Golderz verwendete Quecksilber vergiftet die Umgebung. Die Bewohner sind vom Wetter und der harten Minenarbeit gezeichnet. Auch ein Hotel gibt es nicht, die wenigen Besucher werden im Bordell untergebracht. La Riconada ist dem Himmel nah, doch das Leben hier ist die Hölle. Eine Hölle, der sich Tag für Tag fast 50 000 Einwohner stellen.

OSTERINSEL:
Liebling des Diktators

Ausgerechnet Augusto Pinochet war dafür verantwortlich, dass sich das Leben der Menschen auf der Osterinsel verbesserte. Der chilenische Diktator, verantwortlich für viele Morde, liebte die Insel. Zuvor hatten die Chilenen die Ureinwohner von Rapa Nui, so der Eigenname, unterdrückt. Sie durften sich nur innerhalb eines umzäunten Areals bewegen. Besucher schleppten Lepra ein. In die errichtete Leprakolonie brachte man auch aufsässige Einheimische, die sich dort erst infizierten. Dass es Pinochet war, der Gefallen an der Insel fand, Geld in ihre Entwicklung investierte und einen Einheimischen zum Gouverneur ernannte, ist eine Ironie der Geschichte. Heute ist die Osterinsel ein beliebtes Ziel chilenischer Touristen.

DER SCHATZ DER OSTERINSEL: VIELE HUNDERT GEHEIMNISVOLLE STEINFIGUREN

NAURU:
das verlorene Paradies

Nauru, weit abseits jedes Kontinents gelegen, war einmal ein perfekter Ort. Noch vor einigen Jahrzehnten gehörten die nicht einmal 10 000 Einwohner des nur 21 Quadratkilometer großen Landes zu den reichsten Menschen der Welt. Riesige Phosphatvorkommen erlaubten den Einwohnern ein Leben in Saus und Braus. Doch als die Vorkommen zur Neige gingen, wurde schnell klar, dass die Nauruer ihr Geld niemals zukunftssicher angelegt, sondern mit vollen Händen verprasst hatten.

Bis zum Jahr 2001 war die medizinische Versorgung auf Nauru kostenlos – was vielen zugute kam, denn fast alle Nauruer leiden an Fettleibigkeit, jeder zweite an Diabetes. Die flache Insel besitzt keinerlei touristisches Potential. Wirkliche Regierungsarbeit findet kaum statt, dazu sind die Politiker des Landes zu zerstritten. So wurde aus einem der reichsten Länder der Welt innerhalb von zehn Jahren eine Insel des Nichts.

NAURU: EINST SEHR REICH, HEUTE VOLLKOMMEN VERARMT

HARBIN:
DIE STADT AUS EIS

Ab November hat der Winter Chinas nördlichste Großstadt fest im Griff. Minus 30 Grad Celsius ist es dann dort im Durchschnitt kalt. Und trotzdem wird Harbin zwischen Mitte Dezember und Anfang Februar zum Publikumsmagneten. Dann leuchtet dort die Eisstadt mit zigtausend LEDs durch unfassbar große Bauwerke aus Eis.

Massen an Eisblöcken werden bewegt. Angefahren im Fünfminutentakt von Lastwagen, die die schwere Ladung vom nahe gelegenen Songhua-Fluss bringen. 500 Kilo wiegen die Blöcke, die sechs Männer dann jeweils vom Laster ziehen. Und das geht im Akkord. Einer nach dem anderen. Die Zeit drängt. Nur 30 Tage haben die Menschen, um die Bauwerke entstehen zu lassen. 14 000 Tagelöhner arbeiten im Schichtdienst, rund um die Uhr. Immer wenn eines der bis zu 50 Meter hohen Kunstwerke fertiggestellt ist, wird am Kran ein Feuerwerk entzündet. Zum Ansporn aller, die auf dem 100 Fußballfelder großen Areal dafür sorgen, dass die Eisstadt entsteht. Im Kranführerhäuschen sitzen übrigens ausschließlich Frauen. Es ist in China ein typischer Frauenberuf, bei dem es auf Fingerspitzengefühl ankommt. Sie platzieren die riesigen Spitzen auf den Türmen, als wären es Legosteine. Jeder weiß genau, was er zu tun hat. Projektleiter Dang Fuchang hat alles im Griff. Seit 2001 bringt er in jedem Winter etwa 180 000 Kubikmeter Eis in Form. Dabei sind die Arbeiter dick eingemummelt.

Die ärmeren Wanderarbeiter essen in den Pausen Mitgebrachtes auf der Baustelle, um Geld zu sparen. Die reicheren Einheimischen holen sich etwas an den mobilen Essstationen: salzige Pfannkuchen oder gebratene Nudeln, zubereitet im Kofferraum eines Minivans. Erstaunlicher als die selbst gebauten Winzlingsküchen sind aber die Stände mit dem Werkzeug. Tatsächlich wird das nämlich auf dieser Baustelle nicht gestellt – die Arbeiter müssen es selbst mitbringen. Dafür verdienen sie hier in 30 Tagen so viel wie sonst in vier Monaten. Es ist hart, aber es lohnt sich. Nicht nur für ihre Familien, sondern für die ganze Region. Harbin ist ein Prestigeobjekt. 13 Millionen Euro werden hier Winter für Winter in Eis gemeißelt.

Das Ergebnis dieser Arbeit, die Stadt aus Eis, fängt sechs Wochen nach der offiziellen Eröffnung meist schon an zu schmelzen. Dann ist es Zeit, die nächste Eisstadt zu planen.

LEBEN auf dem FRIEDHOF

Manila ist mit zwölf Millionen Einwohnern die Metropole der Philippinen. Die Schere zwischen Reich und Arm ist groß. Armut gibt es beinahe überall in der Stadt. Die Menschen, die sich nichts anderes leisten können, leben auf Müllbergen, in Slums – oder aber auf dem Friedhof im Norden der Stadt.

60 Hektar ist er etwa groß. Auf ihm stapeln sich weit mehr als zwei Millionen Tote. Und die Lebenden wohnen daneben und darüber. Der Friedhofsvorsteher führt ein strenges Regiment, nur etwa 600 der 2000 Familien leben legal hier. Bleiben dürfen eigentlich nur die, die als Totengräber arbeiten. Totengräber braucht es hier viele, um die 70 Beerdigungen finden täglich statt. Und weil der Friedhof längst aus allen Nähten platzt, aber nicht vergrößert werden kann, da rundherum alles zugebaut ist, liegen viele der Leichname nur fünf Jahre hier. Wessen Angehörige die sechs Euro Jahresmiete nicht aufbringen können, der wird nach fünf Jahren exhumiert. Von der Gruft in die Plastiktüte, per Hand. Richtig verwest sind die Menschen dann noch nicht, wenn die Totengräber möglichst alle, zum größten Teil gut erkennbaren Überreste einsammeln. Es stinkt, Schädel und Gebeine liegen offen herum. Das ist eben so, und damit haben die überwiegend streng katholischen Philippinos auch kein Problem, sie gehen offener mit dem Tod um, als es in unseren Breitengraden üblich ist. Wenn jemand die Beerdigung eines Angehörigen nicht zahlen kann, findet neben dem offenen Sarg des Toten ein Glücksspiel statt. Teilnehmen darf jeder. Der Erlös, der nach Abzug der Siegesprämie für den Gewinner übrig bleibt, bezahlt am Ende die Friedhofskosten. Wer Glück hat unter den Armen, der wohnt in einer gemauerten Familiengruft oder gar einem hübsch verzierten Mausoleum. Innen ist es farbenfroh angemalt, die Sarkophage dienen als Betten. Oder Tische. Je nachdem. Fließendes Wasser gibt es nicht in den eigenwilligen Küchen und Zimmern, Strom schon. Der ist teuer, 40 Euro werden pro Monat fällig. Weil das so ist, zapfen viele die vorhandenen Stromquellen an. Mit gefährlichen Folgen: Es brennt häufig auf dem Friedhof wegen der Kurzschlüsse. »Es ist kein schönes Leben, aber es geht noch schlimmer«, sagen die Einwohner. »In den Slums haben es die Menschen nicht so gut. In Manila muss man sich vor den Lebenden fürchten, nicht vor den Toten.« Auf dem Gelände innerhalb der dicken Friedhofsmauern gibt es nicht nur selbst gezimmerte Buden oder bewohnte Grüfte, sondern auch eine Vorschule. Mitten im Tod tobt das Leben. In all seinen Facetten.

DIE AMISCHEN:
LEBEN WIE VOR 200 JAHREN

DIE AMISCHEN, wie die Amish People sich selbst nennen, halten nicht viel von Fortschritt. Sie leben in 28 Staaten in den USA und im kanadischen Ontario in 427 Siedlungen und 1828 Gemeindedistrikten, zum Teil wie vor 200 Jahren.

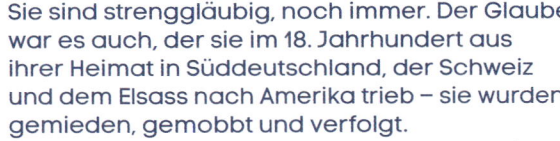

Sie sind strenggläubig, noch immer. Der Glaube war es auch, der sie im 18. Jahrhundert aus ihrer Heimat in Süddeutschland, der Schweiz und dem Elsass nach Amerika trieb – sie wurden gemieden, gemobbt und verfolgt.

Anders als in anderen Religionen werden die Amischen erst im Erwachsenenalter getauft, sie entscheiden sich mehr oder minder bewusst für ihr Leben ohne große Annehmlichkeiten. Allerdings lernen sie das Leben außerhalb ihrer Siedlungen auch gar nicht kennen. Sie fahren noch immer mit Kutschen statt mit Autos. Und wenn in einigen Gemeinden die Reifen mit Gummi belegt sind, was das Reisen bequemer macht, dann liegt es am jeweiligen Bischof des Dorfes, der darüber bestimmt, was gottgefällig ist und was nicht. Untereinander sprechen sie Pennsylvania-Deutsch, das klingt wie Pfälzisch gemixt mit Englisch. Sprachlich sind die Einflüsse ihrer Umgebung durchaus hörbar, aber nur minimal. Denn zur Schule gehen die Kinder der Amischen nicht mit anderen Amerikanern. Sie haben eigene Schulen, in denen Naturwissenschaften zugunsten des praktischen Unterrichts

vernachlässigt werden. Es wird viel gesungen und gelesen, wenig gerechnet. Chemie braucht man im Amischen-Dorf auch nicht. Auch wenn viele der Bewohner nicht mehr, wie noch vor 20 Jahren üblich, als Bauern arbeiten. Das Farmland ist teuer geworden. Zu teuer. So arbeiten sie oft als Schreiner oder Käser, einige auch in anliegenden Fabriken. Nur an Sonntagen arbeitet keiner von ihnen. Dann geht es in Tracht zur Messe, die dauert oft drei Stunden, gesungen werden 400 Jahre alte Lieder.

Noch immer haben sie meist um die zehn Kinder. Verhütung ist verpönt, geheiratet wird früh, etwas anderes als Heterosexualität kommt ohnehin nicht infrage. Geheiratet wird aus Liebe, oft direkt nach dem achtjährigen Schulbesuch. 85 Prozent der Jugendlichen bleiben ihr Leben lang Amische. Wer das Dorf verlässt, verlässt es für immer. Da sind die Amischen konsequent.

DIE BAJAU:
EIN LEBEN MIT DEM MEER

EIN DORF DER BAJAU: EINFACHE HÄUSER AUF WACKELIGEN STELZEN

DIE BAJAU am Malaiischen Archipel sind seit Generationen eins mit dem Meer. Mit einem einzigen Atemzug können sie bis zu fünf Minuten unter Wasser bleiben. Und während sie Fische jagen, bewegen sie sich so schnell und so geschickt, als wären sie genau dazu geboren: meerestiergleich über Korallenriffe zu schweben.

Alles ist eine Frage des Übens. Die Bajau lernen schon mit zwei Jahren zu schwimmen, mit fünf sind sie Tauchprofis. Sauerstoffflaschen benötigen sie nicht. Von klein auf lernen sie die richtige Atmung, die man zum Tauchen ohne zusätzlichen Sauerstoff braucht. Sie bleiben oft tagelang auf ihrem Boot, meist mit mehreren Familien gemeinsam – früher lebten sie ausschließlich so. Bemerkenswert ist das deshalb, weil die Boote keine komfortablen schwimmenden Häuser sind, sondern eher an lang gezogene Pistazienschalen erinnern, die bei stürmischer See gefährlich schaukeln. Auch wenn die meisten Bajau dem Islam angehören, unterliegen Bau und Stapellauf

der handgefertigten Boote vorislamischen Riten. Es gibt auf ihnen nichts als ein paar Decken, eine Plane für aufkommenden Regen und die notwendigsten Utensilien wie Feuerholz oder Harpunen. Letztere sind das Arbeitsmaterial der Bajau, die vom Fischen leben. Um besser jagen zu können, durchstechen sich schon Jugendliche das Trommelfell, damit sie den Wasserdruck nicht so sehr spüren. Im Alter führt dies oft zu Schwerhörigkeit. Mittlerweile haben die Bajau feste Häuser am Ufer, oft auf Stelzen ans Wasser gebaut, zu denen sie alle paar Tage zurückkehren. Die Seenomaden sind sesshaft geworden, zumindest zum überwiegenden Teil. Im Reich der Bajau gibt es keine Straßen, kilometerlang erstrecken sich Holzbretter über das offene Meer. Moscheen, Schulen und sogar Supermärkte stehen auf Pfählen. Wo die Wasserwelt mit dem Land verbunden ist, befinden sich die Gräber. Denn bei den Bajau, so deren alte Weisheit, »leben nur die Toten an Land«.

BIS HEUTE LEBEN DIE BAJAU VOR ALLEM VOM FISCHEN

DIE BEDUINEN:
DÜNEN WEISEN DEN WEG

ETWA ZWEI MONATE DAUERT ES, BIS EIN CAMP AUFGEBAUT IST

Nomen est omen: **BEDUINE** bedeutet auf Arabisch »Wüstenbewohner«. Und so leben die Beduinen noch immer in der Wüste, als Wanderbauern. Kamele und Ziegen sichern ihr Überleben in Afrika und Vorderasien. Nur die Beduinen auf dem Sinai in Ägypten leben mittlerweile vom Tourismus.

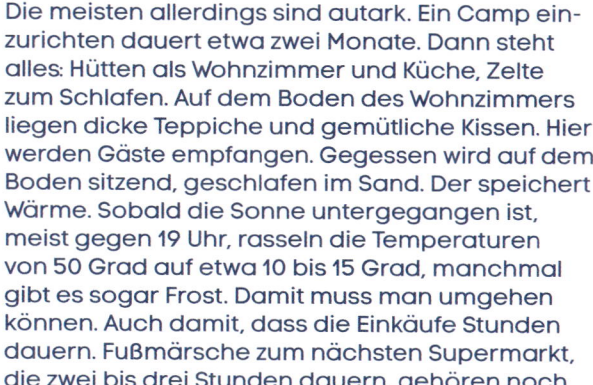

TEPPICHE UND KISSEN SORGEN FÜR EIN GEMÜTLICHES WOHNZIMMER

Die meisten allerdings sind autark. Ein Camp einzurichten dauert etwa zwei Monate. Dann steht alles: Hütten als Wohnzimmer und Küche, Zelte zum Schlafen. Auf dem Boden des Wohnzimmers liegen dicke Teppiche und gemütliche Kissen. Hier werden Gäste empfangen. Gegessen wird auf dem Boden sitzend, geschlafen im Sand. Der speichert Wärme. Sobald die Sonne untergegangen ist, meist gegen 19 Uhr, rasseln die Temperaturen von 50 Grad auf etwa 10 bis 15 Grad, manchmal gibt es sogar Frost. Damit muss man umgehen können. Auch damit, dass die Einkäufe Stunden dauern. Fußmärsche zum nächsten Supermarkt, die zwei bis drei Stunden dauern, gehören noch

zur Kurzstrecke. Zum Einkaufen gehen meist die Männer; die Frauen bleiben im Camp. Beduinen sind gläubige Muslime. Verschleiern müssen die Frauen sich aber nur, wenn Fremde kommen. Die Kopftücher allerdings sind für alle, Männer und Frauen, Pflicht. Sie schützen vor der Sonne. Der wichtigste Besitz der Beduinen sind die Kamele. Ein Tier bringt einer Familie beim Verkauf etwa 1000 Euro, eine Ziege 120 Euro. Letztere reicht für einen Monat Lebenshaltung, ein Kamel etwa für ein ganzes Jahr. In ihren Camps haben sie Wassertanks, aber keine Kühlschränke. Alles, was sie essen, muss haltbar sein. Käse fertigen sie aus der Milch ihrer Tiere, ansonsten sind Hülsenfrüchte und Brot die Hauptnahrungsmittel. Als Feuerungsmittel dient Holz, meist von Akazienbäumen, die in der Wüste tief wurzeln. Zum Essen benutzen Beduinen nur die rechte Hand, die linke gilt als unrein. Aus einem plausiblen Grund: Sie wird zum Popoabwischen benutzt. Den ganzen Tag über hat jeder seine Aufgaben. Die Beduinen schätzen die Ruhe der Wüste. Und auf die Frage, ob es sie irgendwann einmal nicht mehr geben wird, antwortet so mancher nur knapp: »Schon seit 200 Jahren wird behauptet, dass wir irgendwann genug hätten von unserem Leben im Sand. Aber wir sind noch da.«

LEBEN BEI DEN HULI

DIE MÄNNER KÜMMERN SICH VOR ALLEM UM DIE VERTEIDIGUNG

Wie bunte Paradiesvögel sehen **DIE HULI-MÄNNER** aus. Grellgelb geschminkt, rot und weiß. Allerdings nur beim Sing-Sing, dem Tanzritual zu ganz besonderen Anlässen. Mit Farben aus Asche, Schlamm, farbiger Tonerde und Blütenpollen. Das Blau brachten die Missionare mit zu dem Volk, das bis 1935 unentdeckt in Papua-Neuguinea lebte. Und auch heute noch haben die Huli ihre ganz eigenen Regeln.

Alles spielt sich hinter den Dorfmauern ab, und wer durch das Tor treten darf, bestimmt der Stammesälteste. Wer es ohne Erlaubnis versucht, spielt mit seinem Leben. Denn die Huli-Männer verteidigen noch heute ihr Land, ihre Frauen und ihre Schweine. Den Rest erledigen die Frauen. Sie bearbeiten die Felder, kümmern sich um Kinder und Schweine, den größten Besitz der Huli. Schließlich wird gehandelt. Um Geld. Und um Frauen. Bis zu 60 Schweine kostet eine. Und mancher Mann hat gleich zwei oder mehr, doch Männer und Frauen leben ohnehin getrennt. Jungen bleiben bis zum zehnten Geburtstag bei den Frauen und wechseln dann in die Männerhütte. Dort gibt es nur das Nötigste: Schlafplätze auf Bananenblättern und Bambuskissen, in der Mitte ein Feuer, um das die Stammesmitglieder des Abends sitzen und Tabakrauch durch große Bambusrohre inhalieren, reihum. Später lernen die Jungen, wie man sich traditionsgerecht schminkt und die kunstvollen Hüte fertigt. Dafür ziehen sie in eine andere, abgelegene Hütte, in der der Weise des Dorfes sie die Traditionen des Volkes

lehrt. Ein bis zwei Jahre dauert es, bis ein Hut fertig ist, geschmückt mit bunten Vogelfedern und getrockneten Blumen. Wenn er auf dem Kopf prangt, dazu die Gesichts- und Bauchbemalung leuchtet, dann steht einer Hochzeit nur noch die zu verhandelnde Anzahl der Schweine im Wege, die für die Auserwählte zu zahlen sind. Die Frischvermählten müssen vier Tage und Nächte in Folge wach bleiben. Am fünften Tag startet der Fruchtbarkeitsritus. Dann wird der Zaubertrank gebraut, der für den Geschlechtsakt nötig ist. Wenn es so weit ist, opfert der Mann ein Schwein und träufelt seiner Frau parfümiertes Baumöl in die Scheide, um seinen Penis vor Verletzungen zu schützen. Es kann sein, dass die Traditionen in einigen Jahren verschwinden, denn die Regierung hat schon mehrfach angedroht, die kriegerischen Auseinandersetzungen unter Strafe zu stellen. Dann müssen die Huli-Männer ihr Frauenbild überdenken. Traurig für die Kultur, gut für die Huli-Frauen.

FRAUEN UND MÄNNER LEBEN IN GETRENNTEN HÜTTEN

HUAXI:
DAS LUXUSDORF

Herzlich willkommen im reichsten Dorf Chinas. Am Eingang glänzt ein rot-goldenes Tor mit der Aufschrift »HUAXI – das reichste und beste Dorf Chinas«. Es wirkt wie die Kulisse eines Computerspiels Ende der 1980er-Jahre. Alle Häuser sehen gleich aus. Das wäre für China nicht ungewöhnlich. Huaxi ist es aber.

Denn hier, eineinhalb Autostunden von Schanghai entfernt, stehen 200 Villen in Reih und Glied, auf den ersten Blick durch nichts zu unterscheiden. Ihre Bewohner haben Anrecht auf mindestens ein Auto und tanken kostenlos. Die Grundnahrungsmittel werden gestellt. Drumherum Hochhäuser, die Oper von Sydney, der Triumphbogen von Paris und ein Haus der Verbotenen Stadt. Klingt, als wäre es ein Freizeitpark. Das allerdings ist es beileibe nicht. Wer hier wohnt, arbeitet, wie fast alle Chinesen, sieben Tage pro Woche. Und nur ein Bruchteil von denen, die in den Fabriken drumherum arbeiten, wohnen in den Mustervillen. Die meisten, etwa 40 000 Leiharbeiter aus ganz China, hoffen, eines Tages zu den privilegierten Dorfbewohnern zu zählen. Das schaffen nur wenige. Und dass es in China überhaupt so etwas gibt wie Huaxi, liegt an Wu Renbao. Er ist der Patriarch des seltsamen Ortes, mittlerweile 85 Jahre alt. Unter Mao, 1961, sorgte er dafür, dass die Bewohner von Huaxi an der staatlichen Kontrolle vorbei Agrarwerkzeuge herstellten. Immer wenn Parteifunktionäre

kamen, zogen alle Arbeiter flugs als Reisbauern ins Feld, die Fabrik war leer, niemand bemerkte etwas von dem, was dort vor sich ging. Und so häufte die Dorfgemeinschaft, die funktioniert wie eine Genossenschaft, unglaubliches Kapital an. Das Pro-Kopf-Einkommen liegt hier fünfmal höher als in der Finanzmetropole Schanghai. Seit 1999 ist das Dorf, das längst weitere Industriezweige besitzt, an der Börse. Die Aktienmehrheit liegt bei denen, die schon bei den Anfängen dabei waren. Es ist ein bisschen wie in George Orwells *Animal Farm*, alle sind gleich, nur manche sind gleicher. Längst ist Huaxi Vorzeigedorf. Schließlich sei der Reichtum nur entstanden, weil alle gemeinschaftlich hart arbeiteten. So ganz stimmt das aber nicht: Wer in einer der Villen wohnt, steht nicht mehr am Fließband, sondern hat einen Verwaltungsjob inne, der manchmal wie ausgedacht klingt. So gibt es einen Beauftragten der spirituellen Sicherheit, der dafür zuständig ist, die Menschen im Ort darauf aufmerksam zu machen, dass sie nicht mit nacktem Oberkörper herumlaufen dürfen. Von 8 bis 17 Uhr beschallt Propagandamusik den Ort, Touristen werden mit Guides in Kleinbussen durch das Dorf gekarrt. Die meisten kommen aus China, um zu sehen, wie das Leben sein könnte. Aber auch Urlauber aus aller Welt staunen über das wunderliche Dorf, das eigentlich längst eine Stadt ist. Sie dürfen auch einen Blick in die Villen werfen. Auf die vier Fernseher und vier Bäder, den marmornen Boden – eben die 600 Quadratmeter Paradies. Natürlich nur bei extra ausgewählten Familien, deren Job nun darin besteht, den Neugierigen zu zeigen, was durch harte Arbeit möglich ist. Tatsächlich ist das alles kein echtes Privateigentum. Wer von Huaxi wegzieht, muss sein Haus abgeben, sein Auto und auch den Großteil der umgerechnet etwa 100 000 Euro Vermögen. Macht natürlich kaum jemand. Denn luxuriöser als im Villendorf von Huaxi lebt es sich in China wohl nur als Spitzenpolitiker der Kommunistischen Partei. Und das wissen die Einwohner auch. »Wir leben im Paradies!«, sagen sie. Es gibt für sie nichts, was noch kommen könnte. Schließlich sagt das schon das Tor, durch das sie fahren, wenn sie nach Hause kommen.

LEBEN BEI DEN IBAN

Im Nordwesten von Borneo, der drittgrößten Insel der Welt, leben die **IBAN**. Etwa 600 000 gibt es von ihnen. Es werden immer weniger, denn ihr Lebensraum, der Dschungel, schrumpft. Wer sie besuchen möchte, muss um die halbe Welt reisen und anschließend, in Malaysia angekommen, mit Langbooten über den Lemanak fahren. Dort am Fluss stehen die hölzernen Langhäuser, oftmals auf Pfählen, denn das Uferland ist sumpfig.

Jedes dieser Langhäuser ist so etwas wie ein überdachtes Dorf. Sie sind mehrere 100 Meter lang, das längste fast einen Kilometer, und beherbergen 50 bis 300 Familien. Privatsphäre gibt es kaum, manchmal hat nur die Häuptlingsfamilie eigene Räume. Der vordere Bereich ist öffentlich, wie ein Dorfplatz, dahinter reihen sich die Familienabteile. Jede Familie ist für ihren Hausteil verantwortlich.

Den Namen Iban haben sie sich nicht selbst gegeben. Sie sahen sich nicht als ein Volk, sondern jedes Langhaus war eine eigene Gruppe, und die Kontakte zu anderen Iban-Gemeinschaften waren selten friedlich. Zu dieser Zeit waren die Iban Kopfjäger – noch heute hängen die Schädel von damals in den Langhäusern. Es waren Trophäen. Man beeindruckte mit ihnen die angehende Ehefrau und beschwichtigte die Götter. Kannibalen waren die Iban nie. Sie ernährten sich schon immer von Reis und dem, was der Dschungel bietet. Tiere werden mit dem Blasrohr und Giftpfeilen erlegt. Fische fangen sie mit Wurfnetzen. Mittlerweile sind die Iban sesshaft geworden. Früher, als sie noch Wanderfeldbau mit Brandrodung betrieben, mussten sie immer weiterziehen, wenn das Land unfruchtbar wurde.

Das Leben im Dschungel ist anstrengend. Alles wird per Hand gemacht. Eine Portion Reis verzehrbereit zu machen, dauert allein schon beinahe drei Stunden: pflücken, die Körner heraustreten, die Schalen zermahlen, kochen. Kein Wunder, dass da die Stadt lockt. Dennoch kehren viele der jungen Iban, die in den größeren Städten die Schulen besuchen, später wieder in den Dschungel zurück. In Malaysia herrscht Grundschulpflicht, auch für die Iban. Die Kleinsten werden in der Gemeinschaft unterrichtet.

Eine besondere Bedeutung hat der Vogelgesang, da Vögel als Übermittler der Botschaften der Götter gelten. Wichtig ist, welcher Vogel zu welcher Tageszeit aus welcher Richtung in welcher Entfernung gehört wird. Diesen Stimmen wird Zustimmung, Warnung oder Ablehnung entnommen. Wenn die Iban tanzen, erinnern Kopfschmuck und Bewegung an große, stolzierende Vögel. Ihre Tätowierungen hingegen dienen nur dem Schönheitsideal. Früher wurde dazu Ruß mit Wasser vermengt und mittels scharfer Knochensplitter unter die obere Hautschicht gebracht. Die Hände durfte sich in manchen Gemeinschaften nur derjenige tätowieren lassen, der einen Kopf erbeutet hatte. Heute entstehen die meisten Motive in den Tattoostudios einer größeren Stadt.

Die Iban können noch immer autark leben, sich selbst ernähren und in 15 Minuten eine Hütte bauen. Sie brauchen die Zivilisation nicht. Aber sie können sie mit dem Langboot erreichen.

Die unglaublichsten Märkte der Welt

Die Deutschen lieben ihre Wochenmärkte, und das völlig zu Recht. Nirgendwo macht das Einkaufen mehr Spaß. Aber wer war schon einmal auf einem Markt, auf dem nur Blumen verkauft werden, oder einem, der achtmal täglich verschwindet? Galileo stellt die unglaublichsten Märkte der Welt vor.

[Frankreich]
RUNGIS: die weltgrößte Markthalle

Etwa 13 Kilometer vor den Toren von Paris liegt der größte Markt der Welt – der Hallenkomplex Rungis könnte das Fürstentum Monaco in sich aufnehmen. Das Gelände umfasst 232 Hektar und hat einen eigenen Bahnhof. 30 000 Menschen und 24 000 Fahrzeuge bewegen sich zwischen den Hallen voller Fisch, Fleisch, Geflügel, Gemüse und Blumen. Professionelle Großeinkäufer wohlgemerkt, denn als normaler Kunde kann man nicht so einfach auf das Gelände marschieren. Pascal Chambon ist so ein Großeinkäufer, für deutsche Feinkosthändler sucht er in Rungis zum Beispiel nach Fischdelikatessen und arbeitet als Scout: In der Gemüsehalle sucht er nach exotischen Angeboten, die auf deutschen Tellern für Aha-Erlebnisse sorgen. Er muss früh aufstehen. Der Großmarkt öffnet um 2 Uhr, und wer den besten und frischesten Fisch haben will, darf nicht zu spät kommen. Wenn sich in Rungis die Rolltore zu den Markthallen öffnen, haben manche den halben Arbeitstag schon hinter sich. Um 22 Uhr beginnt Rungis sich zu bewegen, dann beginnen die Vorbereitungen für den folgenden Tag. Zuerst öffnet der Fischmarkt, darum ist der zuständige Inspektor Sébastian Compain auch als Erster vor Ort. Er sorgt dafür, dass alles am richtigen Platz steht und niemand zu viel Raum einnimmt. Auch in den Gebäuden für Geflügel und Fleisch herrscht jetzt Betriebsamkeit. Allein fünf Hallen sind für Frischfleisch vorgesehen: zwei für Schweinefleisch, eine für Rind, eine für Geflügel und eine für Innereien. Mehr als 1000 Tonnen Fleisch aus allen Teilen Europas werden hier täglich verkauft. Wenn der Tag anbricht, geht es in Rungis in den Feierabend. Um 7 Uhr sind alle Geschäfte getätigt und das meiste ist verkauft. Was keinen Käufer gefunden hat, betrachtet sich Arnaud Langlais von der französischen Organisation Andes, die gegen die Verschwendung von Lebensmitteln eintritt: Obst- und Gemüsehändler schenken ihm ihre Reste. Was noch essbar ist, wird an Obdachlose verteilt. Das ist an einem Tag mehr, an einem anderen weniger. Wenn die Verkäufer Rungis verlassen, ist allerdings noch nicht ganz Schluss. Jeden Tag fallen 114 Tonnen Müll an, der von Reinigungskräften eingesammelt und danach am Fließband sortiert wird. Nach Möglichkeit werden die Verpackungsmaterialien recycelt, der Rest wird verbrannt: Rungis ist so groß und produziert so viel Müll, dass es seine eigene Müllverbrennungsanlage hat. Mit der Abwärme wird das gesamte Gelände beheizt – sie reicht sogar noch, um Wärme an den nahe gelegenen Flughafen Orly zu liefern.

15 000 FESTE VERKAUFS-STELLEN, VERBUNDEN DURCH EIN GETEERTES STRASSENNETZ

[Thailand]
CHATUCHAK: groß wie eine Stadt

Aus einem beschaulichen Flohmarkt mit fliegenden Händlern wuchs über die Jahrzehnte eine Stadt in der Stadt: Chatuchak im Herzen Bangkoks ist der größte Freiluftmarkt der Welt. Auf dem Chatuchak gibt es alles, was man braucht – und vielleicht noch mehr, was man nicht braucht –, an 15 000 festen Verkaufsstellen, verbunden durch ein geteertes Straßennetz. An jedem Wochenende drängeln sich Menschenmassen über den Markt und setzen dabei von 9 bis 18 Uhr geschätzte zwei Millionen Euro um. Unverzichtbar für den Weg über das Gelände: eine Karte zur Orientierung. Der Markt unterteilt sich zwar in 27 Sektionen, aber besonders kleinteilig ist diese Ordnung nicht – ein Abschnitt ist ungefähr so groß wie eine Messehalle. Darum nutzen viele der Besucher die kostenlosen Kleinbusse, die auf dem Gelände herumfahren. Nicht alles, was zum Verkauf steht, ist geschmackvoll oder legal: Im Norden des Marktes gibt es Tiere in allen Arten und Größen, Rassehunde, Dschungelvögel und allerlei Gekrabbel undefinierter Herkunft. Weniger dubios sind die angebotenen Antikmöbel, die man hier deutlich günstiger erstehen kann als in Deutschland. Im Westen des Marktes gibt es vor allem Mode – keine Imitate, sondern in kleinen Auflagen produzierte T-Shirts und Taschen. So ein Tag auf dem Chatuchak ist anstrengend. Bevor sie wieder gehen, nutzen darum viele ein Angebot zur Fußmassage: Es ist nicht ungewöhnlich, dass man als Besucher am Ende des Tages zwölf Kilometer gelaufen ist.

[Japan]
TSUKIJI: der größte Fischmarkt der Welt

20 000 Kunden kaufen täglich auf dem größten Fischmarkt der Welt ein: Tsukiji im gleichnamigen Stadtviertel der Neun-Millionen-Metropole Tokio. Aber nicht nur in der Menge, auch in der Vielfalt ist Tsukiji ein Ort der Superlative: 450 Sorten Fisch und Meerestiere stehen jeden Tag zum Verkauf. Das beliebteste Handelsgut ist der Thunfisch – für ihn werden auf Versteigerungen häufig Höchstpreise erzielt. Darum wird die Ware im Vorfeld auch gründlichst untersucht: Feinste Makel und Risse im Fleisch drücken den Preis. Danach wird auf der Auktion in rasender Geschwindigkeit gegeneinander geboten. Für unerfahrene Kaufinteressenten ist es da fast unmöglich mitzuhalten, so schnell wird mittels Handzeichen und Rufen ein Käufer für das Tier gefunden. Auch lebende Tiere sind im Angebot. Denn Frische ist ein Muss für die fischliebenden Japaner – rund ein Zehntel des internationalen Fischfangs wird in Japan verzehrt. Kein Wunder, dass geplant wird, den Fischmarkt bald in ein größeres Areal umzusiedeln.

2300 TONNEN WARE WECHSELN HIER TÄGLICH DEN BESITZER

[Niederlande]
AALSMEER: die größte Blumenauktion der Welt

Die Bloemenveiling in Aalsmeer in der Nähe von Amsterdam gilt als das größte Handelsgebäude der Welt. Mit dem umliegenden Freigelände kommt der Blumenmarkt auf eine Fläche von fast zwei Quadratkilometern. Jeden Tag werden hier 21 Millionen Schnittblumen und zwei Millionen Topfpflanzen verkauft. Das geht nur mit einer ausgeklügelten Logistik und einem klugen Versteigerungssystem. Die Einkäufer bieten in einer Art Börse für die gewünschten Blumen: Während auf einem großen Bildschirm der Preis für die Ware langsam fällt, müssen sie zum richtigen Zeitpunkt ihr Gebot abgeben – wer zu lange wartet, geht leer aus, wer zu früh per Knopfdruck Interesse anmeldet, bezahlt zu viel. Während die Versteigerung noch im Gange ist, wird in den Hallen bereits verladen, sodass kaum Verzögerungen entstehen – schließlich sollen die Blumen frisch an ihrem Bestimmungsort ankommen. Darum kümmern sich 2000 Mitarbeiter, die alle zur gleichen Zeit anpacken.

[Ägypten]
BIRQASH: der weltgrößte Kamelmarkt

Das Wüstendorf Birqash liegt im Norden der ägyptischen Hauptstadt Kairo und beherbergt den größten Kamelmarkt der Welt. Auch wenn Europäer oft die romantische Vorstellung von Kamelen als Last- und Reittieren haben: Die Tiere, die in Birqash verkauft werden, landen fast ausnahmslos auf dem Teller. In Ägypten ist Kamelfleisch eine Delikatesse und etwa 20 Prozent teurer als Rindfleisch. So ein Wüstenschiff kann zwar gut und gern 20 Jahre alt werden, die auf dem Markt angebotenen Exemplare sind aber selten älter als zwei. Danach wird das Fleisch zäh. Die Interessenten feilschen lautstark und nehmen die Lebendware genau in Augenschein, niemand will sich übervorteilen lassen. Erfahrene Käufer durchschauen dabei die Tricks der nicht ganz ehrlichen Verkäufer: So kann man sein mageres Kamel gut genährt aussehen lassen, indem man ihm vorher Salz zu fressen gibt: Das Tier trinkt darauf eine Menge Wasser und sieht in Folge rundlicher aus. 300 Kamele werden hier bis zum Mittag täglich verkauft, zu Preisen um die 4500 ägyptischen Pfund pro Exemplar, das sind rund 500 Euro. Für große Feste werden von den Einheimischen gern mehrere Tiere eingekauft. Der Umgang mit den Kamelen ist dabei nicht gerade zärtlich, und die Bestimmung, der sie zugeführt werden, für Tierfreunde auch nicht unbedingt erfreulich. Wer sich nicht stört, für den ist Birqash allerdings ein sehr authentisches Stück Ägypten.

[Thailand]
MAEKLONG:
der verschwindende Markt

Eine Stunde westlich von Bangkok, am Ufer des Maeklong, liegt einer der außergewöhnlichsten Märkte der Welt. Dabei wirkt er auf den ersten Blick gar nicht einmal so besonders: In einer 400 Meter langen Gasse werden vor allem Fisch und Gemüse angeboten – ein recht typischer thailändischer Lebensmittelmarkt im Freien. Doch dann herrscht auf einmal Hektik: Der Markt verschwindet. Nach einem Warnsignal packen die Händler in Windeseile ihre Waren ein und räumen den Stand beiseite. Des Rätsels Lösung: Der Maeklong-Markt steht auf Schienen. Achtmal am Tag fährt hier ein Zug mittendurch, mit gemächlichen acht Stundenkilometern. Gefährlich ist das nicht, denn die Händler kennen das Spiel und haben ihre Verkaufsstände den Umständen angepasst: Theken stehen auf Rollen, Markisen sind nur eingehakt, nach wenigen Handgriffen ist die Fahrbahn frei. Das Auf- und Abbauen ist zwar stressig, den Platz aufgeben will aber niemand – der Maeklong-Markt ist schließlich ein Touristenmagnet, darum können die Händler für ihre Waren bis zu viermal mehr Geld verlangen. Das lohnt sich. Aber warum steht der Markt überhaupt an diesem unpraktischen Ort? Ganz einfach: Die Gasse ist Teil eines größeren Marktes, der irgendwann einfach über die Gleise gewachsen ist. Und von den paar Zugdurchfahrten täglich lässt man sich schließlich nicht vom Geschäft abhalten.

Die ZEHN TEUERSTEN AUTOS der Welt

Nach oben gibt es keine Grenzen: Immer teurer werden die Autos, die für den überschaubaren Markt der Superreichen entwickelt werden. Dabei findet sich unter den zehn teuersten Autos der Welt nur eine Luxuslimousine, den Rest des Feldes bilden immer schnellere und kräftigere Supersportwagen. Galileo zeigt die Top Ten der Luxusautos.

SSC TUATARA

Ein Supersportwagen aus den USA schickt sich an, das schnellste in Serie gebaute Auto aller Zeiten zu werden: Auf satte 440 Stundenkilometer soll es der Tuatara aus der amerikanischen Sportwagenschmiede Shelby SuperCars bringen. Unter der Haube sitzt ein 1369 PS starker Twin-Turbo-Motor, der mühelos auf 9000 Umdrehungen hochgefahren werden kann. Damit jagt der nur 1200 Kilo schwere Wagen in 2,3 Sekunden bis auf Tempo 100. Das macht Eindruck, ebenso wie die scharfkantige, aggressive Form der Karosserie. Bei derart viel Kraft ist der Preis des SSC Tuatara schon beinahe überraschend niedrig: Etwa 730 000 Euro muss lockermachen, wer die Standardversion des auf 100 Exemplare limitierten Flitzers erwerben möchte.

PLATZ 10

PLATZ 9

PORSCHE 918 SPYDER

Der 918 Spyder sollte nur ein Konzeptfahrzeug sein – doch dann gefiel der schnittige Hybridflitzer den Bossen des Unternehmens so gut, dass sie ihn in Serie fertigen ließen. 887 PS leistet der Benzinmotor in Zusammenarbeit mit zwei Elektromotoren an den Achsen. Die leisten allein schon 285 PS und könnten den Spyder etwa 25 Kilometer weit rein elektrisch fortbewegen. Die geballte Motorkraft bringt den Wagen in 2,7 Sekunden auf Tempo 100, Schluss ist erst bei 340 Sachen. Trotz der massiven Leistung ist der 918 Spyder enorm sparsam: Bei gemäßigter Fahrweise kommt er mit 3,3 Litern auf 100 Kilometern aus. 770 000 Euro werden für einen Neuwagen fällig. Übrigens hat Porsche die Stückzahl auf 918 Exemplare limitiert, Kaufwillige sollten sich also beeilen.

Hennessey Venom GT

Die immerwährende Jagd nach Rekorden gehört zum alltäglichen Konkurrenzkampf unter den Herstellern von Supersportwagen. Die texanische Schmiede Hennessey hatte im Januar 2013 Grund zum Feiern, als ihr Venom GT den offiziellen Rekord für die schnellste Beschleunigung eines Sportwagens aufstellte: in 13,63 Sekunden bis auf Tempo 300. Die meisten anderen Autos schaffen in dieser Zeit nicht einmal 100 Sachen. Damit dieses Ungetüm kontrollierbar bleibt, lässt sich sein Motor elektronisch auf verschiedene Leistungen einstellen, wobei die niedrigste bei 811 und die höchste bei 1217 PS liegt. Dafür, dass der Venom GT kein allzu häufig anzutreffendes Auto wird, sorgen zum einen die Limitierung auf zehn Fahrzeuge pro Jahr und zum anderen der Preis von mehr als 800 000 Euro.

Maybach Landaulet

Gegen die kraftstrotzenden Boliden auf den anderen Plätzen nehmen sich die Werte des Maybach Landaulet fast niedlich aus: 620 PS, von 0 auf 100 in 5,2 Sekunden, Höchstgeschwindigkeit 250. Schließlich ist der Landaulet kein Sportwagen, sondern eine Limousine. Das Dach lässt sich über der hinteren Sitzreihe öffnen, womit deutlich wird, wer die Zielgruppe dieses Autos ist: Menschen, die einen Chauffeur beschäftigen. Die Sitze sind aus Nappaleder, das hintere Abteil verfügt über ein eigenes Kühlfach, die dazugehörigen Champagnergläser fehlen auch nicht. Für knapp eine Million Euro Kaufpreis fehlt beim Landaulet auch sonst keine technische Finesse.

Koenigsegg Agera R

Der Agera wurde erst im Jahr 2010 vorgestellt und besaß eine Leistung von 970 PS. Nur ein Jahr später schien dies schon zu wenig, und eine aufgemotzte Variante musste her: Der Agera R rast mit 1115 PS über die Straßen, was ihm ein Höchsttempo von 415 Stundenkilometern erlaubt. Möglich macht das nicht nur der Motor, sondern auch die Leichtbauweise mit Felgen aus Karbonfasern. Gute Chancen, den Agera R zu Gesicht zu bekommen, hat man in Val d'Isère oder Sankt Moritz: Auf dem Dach der rasenden Flunder kann eine eigens entwickelte Box für Skier montiert werden. Im Preis von knapp 1,2 Millionen Euro ist die jedoch nicht enthalten.

Pagani Huyara

Huyara ist der Gott des Windes der Aymara, eines indigenen Volkes in den peruanischen Anden. Im Falle von Pagani hat man wohl eher den Gott des Fahrtwindes gemeint. Damit auch der zufrieden ist, setzte man bei der Entwicklung alles auf Gewichtsreduktion: Dank einer Karbon-Aluminium-Karosserie wiegt der italienische Extremsportler nur 1,3 Tonnen. Dennoch wirkt der Huyara im Vergleich mit anderen Vertretern seiner Gattung fast harmlos: 730 PS beschleunigen den Wagen in 3,3 Sekunden auf 100 Sachen, bei 360 Stundenkilometern ist das Ende der Fahnenstange erreicht. Freilich ist dies zwar weniger extrem als die Spitzengeschwindigkeiten manches Konkurrenten, aber immer noch schnell genug, um brenzlige Situationen entstehen zu lassen. Also sorgen vorn und hinten am Fahrzeug jeweils zwei sich automatisch verstellende Klappen dafür, dass der Wagen auch bei hohem Tempo sicher am Boden bleibt. Die technischen Finessen des Huyara lässt sich Pagani anständig versilbern: 1,4 Millionen Euro kostet die Anschaffung des Modells.

PLATZ 5

PLATZ 4

Zenvo ST1

Dänemark hatte man bislang eher nicht als Land der Autobauer auf dem Schirm. Ein bekannter Anblick werden dänische Autos auch künftig nicht im Straßenbild werden, denn der ST1 aus der Vibyer Kleinserienschmiede Zenvo soll nur etwa 15-mal gebaut werden. 1119 PS schießen den Wagen in zackigen drei Sekunden auf Tempo 100, die Elektronik riegelt den Motor erst bei 375 Kilometern pro Stunde ab. Allerdings bekommt man im ST1 für etwa 1,4 Millionen Euro nicht nur Power, sondern auch Komfort: Im Innenraum wartet eine Ausstattung aus Leder und Alcantara, eine erstklassige Audio- und DVD-Anlage samt Navi sowie ein Head-up-Display, sodass die wichtigen Instrumentenwerte stets auf die Windschutzscheibe projiziert werden.

PLATZ 3

Aston Martin One-77

77 Exemplare wurden gebaut, jedes in 2700 Stunden Handarbeit, weshalb jedes Auto einzigartig ist. So erklärt sich der Name dieses Luxus-Rennschlittens: einer von 77. Dabei macht das 760 PS starke und 355 Stundenkilometer schnelle Gefährt den Platzhirschen in Sachen Kraft und Tempo nicht das Revier streitig, andere Fahrzeuge sind bis zu 80 Stundenkilometer schneller. Dafür ist der Aston Martin schon wegen seiner britisch-eleganten Form der edelste Vertreter der Kategorie Supersportwagen. Trotz des stolzen Preises von 1,4 Millionen Euro waren alle 77 Wagen in kürzester Zeit verkauft. Nun liegen die Preise der verfügbaren Gebrauchten noch höher: Ein Exemplar wechselte bereits für fünf Millionen Euro den Besitzer.

Ferrari 599XX

Mit 730 PS spielt die Rennversion von Ferraris Modell 599 eher im Mittelfeld der Supersportwagen mit. Doch da Ferrari einer der exklusivsten Autohersteller der Welt ist, kann man dies nicht über den Preis sagen: Knappe anderthalb Millionen Euro werden für einen 599XX fällig. Dafür erhält man dann einen Wagen, der noch nicht einmal für den Einsatz auf der Straße konzipiert, sondern auf der Rennstrecke zu Hause ist. Eine spezielle Software ermöglicht Gangwechsel innerhalb von 60 Millisekunden; aerodynamische Optimierung der Karosserie und des Unterbodens sorgen dafür, dass der 599XX auch bei rasanten Kurvenfahrten wie ein Brett an der Straße klebt. Durch die Verwendung von Materialien wie CFK bei der Karosserie und Keramik bei der Bremsanlage ist der Sportler obendrein leicht genug, um das Maximum aus der Motorleistung herauszuholen.

PLATZ 2

PLATZ 1

Bugatti Veyron 16.4 Super Sport

Er ist der Traum eines jeden Sportwagenbesitzers. Der Bugatti Veyron 16.4 Super Sport hält den Weltrekord als schnellstes Serienfahrzeug aller Zeiten: Mit sagenhaften 431 Stundenkilometern blies er den testenden TÜV-Mitarbeitern fast die Messgeräte weg. Da mutet es geradezu niedlich an, dass der Hersteller an Endkunden verkaufte Fahrzeuge auf 415 Sachen abregelt. Noch drolliger ist, dass das maximale Tempo nur Fahrer erreichen, die über einen speziellen Schlüssel verfügen. Ohne den ist bei 375 Stundenkilometern Schluss. 1200 PS jagen den Weltrekordhalter in zweieinhalb Sekunden auf Tempo 100, nach 14,6 Sekunden sind schon 300 Sachen erreicht. Tritt man bei dieser Geschwindigkeit auf die Bremse, steht der Wagen nach nur knapp acht Sekunden wieder still. Bezeichnend für die brachiale Kraft, die in diesem Wagen wirkt, ist es, dass das Hauptinstrument im Cockpit nicht die Geschwindigkeit, sondern die momentan erbrachte PS-Leistung anzeigt. So monumental wie die Power dieses Autos ist allerdings auch sein Preis: Die auf fünf Exemplare limitierte »World Record Edition« in den Farben Schwarz und Orange kostete 2,3 Millionen Euro.

[WELT der REKORDE]

Riesige Gebirge, endlose Wüsten, pfeilschnelle Tiere: Wir leben auf einem faszinierenden Planeten. Galileo verrät, wer und was in dieser Welt die beeindruckendsten Rekorde aufstellt, wo es einen 5000 Jahre alten Baum gibt und es fast an jedem Tag regnet.

Das größte Waldgebiet der Welt:
die Taiga

140 Millionen Quadratkilometer groß ist das größte zusammenhängende Waldgebiet der Welt, das entspricht der 14-fachen Fläche der USA. Die Taiga erstreckt sich einmal rund um den Globus, etwa zwischen dem 50. Längengrad Nord und dem Polarkreis, wobei das Gebiet nicht überall gleich breit ist: In unseren Breitengraden beginnt die Taiga erst in Skandinavien, während sie sich in Russland bis an die Grenze der Mongolei erstreckt. Sie bedeckt große Teile Kanadas und Alaskas. Fichten und Kiefern stehen hier dicht an dicht. Sie sind an das nördliche Klima bestens angepasst und verlieren im Winter ihre Nadeln nicht. Nur in Gebieten mit extrem kalten Wintern wie dem östlichen Sibirien herrscht die Lärche vor, die ihre Nadeln im Winter abwirft. Doch obwohl sie in vielen Regionen der Welt unter Naturschutz steht, ist die Taiga bedroht: Durch den Klimawandel haben sich vor allem in den letzten 25 Jahren des vergangenen Jahrhunderts die winterlichen Temperaturen erhöht. Dadurch finden dort jetzt Insekten, die die Bäume schädigen, bessere Lebensbedingungen vor.

Übrigens benötigt die Taiga Waldbrände, um sich erneuern zu können: Auf dem Boden sammelt sich im Laufe der Jahrzehnte immer mehr Humus an, der verhindert, dass die Samen der Bäume in den nährstoffreichen Boden gelangen und dort Wurzeln schlagen. Brände, meist durch Blitzschlag ausgelöst, vernichten den Humus in Abständen von etwa 70 bis 150 Jahren, sodass der Weg für die Samen wieder frei ist.

El Árbol del Tule

Im mexikanischen Bundesstaat Oaxaca liegt die Kleinstadt Santa Maria del Tule. Ihr Wahrzeichen ist ein Baum, eine mexikanische Sumpfzypresse, von dem niemand genau weiß, wie alt er ist. Er gehört sicherlich zu den ältesten Bäumen der Welt, die Schätzungen reichen von 1200 bis 3000 Jahren. Sicher ist aber: El Árbol del Tule, »Der Baum von Tule«, ist der dickste Baum der Welt. Stolze 14,04 Meter misst der Durchmesser seines Stamms, sein Umfang beträgt 54 Meter. Darum nahm man früher an, El Árbol del Tule würde tatsächlich aus mehreren Bäumen bestehen, die nur sehr dicht beieinander stehen. Einer Legende nach soll der Baum vor 1400 Jahren von einem Priester des Aztekengottes Ehecatl gepflanzt worden sein. Es spricht manches dafür, dass dieses korrekt ist: Zum einen deckt sich die Legende mit dem geschätzten Alter des Baumes, zum anderen steht er an einem Ort, der damals für Glaubensrituale genutzt wurde.

Der größte Baum:
General Sherman

Riesenmammutbäume sind beeindruckende, nur in der kalifornischen Sierra Nevada vorkommende immergrüne Nadelbäume. Sie stehen meist als Gruppe in isolierten Tälern und können dort bis weit über 2000 Jahre alt werden. Der größte dieser Bäume hat sogar einen Namen bekommen: »General Sherman« heißt der im Jahr 1879 entdeckte Baum, benannt nach einem General im amerikanischen Bürgerkrieg. Der mindestens 2000 Jahre alte Baum gilt mit einer Höhe von 84 Metern und einem Durchmesser von elf Metern am unteren und vier Metern am oberen Stamm als voluminösester Baum der Welt. Der höchste ist er allerdings nicht: Diesen Titel trägt »Hyperion«, ein Vertreter einer anderen Mammutbaumart, im Nationalpark Redwood an der Küste Nordkaliforniens.

Der älteste lebende Baum:
eine Kiefer

Als dieser Baum zum ersten Mal aus der Erde lugte, war noch nicht einmal Pharao Cheops von Ägypten geboren. Imhotep hatte noch nicht die Stufenpyramiden erbaut, dafür erfanden die Ägypter den Papyrus, das erste Schreibpapier. Die Welt hatte etwa 14 Millionen Einwohner, nicht einmal halb so viel wie heute die Metropolregion Tokio. 5063 Jahre alt ist ein Baum der Art Langlebige Kiefer, die in über 3000 Metern Höhe in den kalifornischen White Mountains wächst. Obwohl der Baum schon in den 1950ern angebohrt wurde, hat man die Probe erst 2012 ausgewertet und das enorme Alter des Baumes ermittelt. Bis dahin galt der in der Nähe wachsende Baum Methuselah, ebenfalls eine Langlebige Kiefer, mit 4700 Jahren als Rekordhalter.

Das höchste Gebirge:
der Himalaya

Auf der ganzen Welt gibt es 14 Berge, deren Gipfel mehr als 8000 Meter hoch sind – und zehn von ihnen liegen im Himalaya-Gebirge im Herzen Asiens. Die vier anderen liegen im direkt angrenzenden Karakorum-Gebirge zwischen China und Pakistan. Dabei ist der Himalaya kein besonders großes Gebirge: Mit einer Länge von 3000 und einer maximalen Breite von 350 Kilometern hat er nicht einmal ein Drittel der Grundfläche der Anden. Dennoch ist er das bekannteste Gebirge der Welt und zieht Bergsteiger magisch an. Erstaunlicherweise ist der Himalaya nicht nur das höchste, sondern auch das jüngste der großen Gebirge: Er entstand erst vor zehn bis 20 Millionen Jahren, als sich das heutige Indien, damals noch ein eigener, von Wasser umgebener Kontinent, gegen die Eurasische Platte schob. Dieser Prozess dauert immer noch an, der Himalaya ist noch nicht ausgewachsen: Noch immer schiebt die Indische Platte das Gebirge nach oben, noch immer wächst der Himalaya – scheinbar. Denn dem Wachstum wirken Erosionskräfte entgegen, die auf lange Zeit verhindern werden, dass der Mount Everest, der höchste Berg der Welt, seine gegenwärtige Höhe von 8848 Metern übersteigt.

Die längste Gebirgskette:
die Anden

7500 Kilometer entsprechen der Entfernung zwischen Moskau und New York – oder der gesamten Westküste Südamerikas, über die sich die Anden erstrecken, das längste überirdische Gebirge der Welt. Entstanden sind sie vor 60 Millionen Jahren als Ergebnis von Erdplattenverschiebungen. Hier gibt es die höchsten Vulkane der Welt und jede Menge Geysire. Mit Kolossen wie dem 6962 Meter hohen Aconcagua befinden sich in den Anden auch die höchsten Berge außerhalb Asiens. In den Anden kommen alle Klimazonen vor, von tropischem Regenwald in niedrigeren Regionen bis hin zu immerwährendem Schnee in über 4800 Metern Höhe. Noch länger als die Anden ist allerdings ein Gebirgszug, der sich über 20 000 Kilometer unter Wasser erstreckt: der Mittelatlantische Rücken von der Arktischen See bis kurz vor die Küste der Antarktis.

Der höchste Berg vom Fuß bis zum Gipfel:

Mauna Kea

Mit einer Höhe von 4205 Metern ist der Mauna Kea zwar der höchste Berg von Hawaii, im internationalen Vergleich gewinnt er damit allerdings keinen Blumentopf. Doch man tut ihm unrecht: Denn der Vulkan ist vom Meeresboden aus gewachsen und das Meer ist dort sechs Kilometer tief. Misst man den Berg also von seiner Basis aus, kommt er auf eine Gesamthöhe von 10 205 Metern, womit er der höchste Berg der Welt ist – deutlich mehr als einen Kilometer höher als der Mount Everest. Anders als die höchsten Gebirge der Welt ist er auch nicht durch die Verschiebung von Erdplatten entstanden, sondern durch Gestein aus dem Erdinneren, das in der aktiven Zeit des Vulkans durch heiße Aufströme an die Oberfläche transportiert wurde. Mit seiner beachtlichen Höhe stellt der Vulkan eigentlich eine große Bedrohung für die Umwelt dar – aus einer Höhe von mehr als vier Kilometern ausgestoßene Lava könnte ein großes Areal vernichten. Der letzte Ausbruch fand vor etwa 5000 Jahren statt. Ein Anzeichen dafür, dass der Mauna Kea mittlerweile erloschen ist, ist dies nicht: Auch in der Vergangenheit lagen bereits mehrere Jahrtausende zwischen zwei Ausbrüchen.

Die trockenste Wüste:

Atacama

Die trockenste Gegend der Welt ist das Tal Wright Valley auf dem antarktischen Kontinent: Dort hat es bereits seit Millionen von Jahren nicht geregnet. Während das Tal allerdings nur ein winziger Teil einer Eiswüste ist, deren andere Gebiete zumindest hin und wieder Niederschlag erfahren, ist die gesamte Atacamawüste im Süden Perus und im Norden Chiles knochentrocken. Im extrem regenarmen Death Valley in den USA fällt etwa 50-mal so viel Niederschlag wie im Zentrum der Atacamawüste. Dennoch herrscht auch hier Leben: Kakteen und Sukkulenten sind an das trockene Klima angepasst, auch Lamas überleben hier. Der Mensch hingegen macht sich rar und siedelt lieber in den grüneren Regionen direkt an der Pazifikküste.

Die größte Wüste:

Antarktika

Eine Wüste ist dadurch definiert, dass weniger als fünf Prozent ihrer Fläche durch Vegetation bedeckt ist. Deshalb sind nicht nur die Sahara, Gobi oder das Binnenland Australiens Wüsten, sondern auch die nördlichen Gebiete Kanadas, Grönland – und der Kontinent Antarktika, der mit einer Fläche von 14 Millionen Quadratkilometern die größte Wüste der Welt darstellt, fünf Millionen Quadratkilometer größer als die Sahara. Temperaturen bis 70 Grad unter Null und die Tatsache, dass 98 Prozent des Kontinents mit Eis bedeckt sind, verhindern auf dem antarktischen Kontinent weitreichenden Pflanzenbewuchs. Vollkommen ohne eigene Flora ist die Antarktika allerdings nicht: In den wenigen eisfreien Regionen finden sich zwei einheimische Blütenpflanzen sowie einige vom Menschen eingeschleppte Gattungen, darunter sogar mit der Südbuche ein Baum. Auch Algen, Flechten, Moose und Pilze überleben hier. Die spärliche Vegetation ermöglicht eine erstaunliche Tierwelt: Die Algen dienen Krill und Garnelen als Nahrung, diese wiederum Walen, Pinguinen, einer Reihe von Fischen und der Sturmschwalbe. Von den Fischen ernähren sich Robben und Möwen, von den Pinguinen Seeleoparden. Diese wiederum dienen dem Orca als Nahrung. Entstanden ist der bis zu 4700 Meter dicke Eisschild, der den antarktischen Kontinent bedeckt, übrigens erst innerhalb der vergangenen 40 Millionen Jahre. Würde er fehlen, wäre der Kontinent überzogen mit Flüssen und Seen, von denen einige sogar noch unter dem Eis existieren und flüssiges Wasser führen. Allerdings läge der Meeresspiegel, würde das antarktische Eis schmelzen, auch 60 bis 70 Meter über dem heutigen Niveau, weite Landflächen der Erde wären überschwemmt.

Die regenreichste Gegend:
Kauai

Es gibt Gegenden wie das indische Cherrapunji, in denen sogar noch etwas mehr Niederschlag pro Jahr fällt als am Berg Wai'ale'ale auf der hawaiianischen Insel Kauai. Mehr Regentage pro Jahr gibt es allerdings nirgendwo: durchschnittlich 335. Das ganze Jahr über liegt der Gipfel in dichten Wolken, die durch Winde vorangetrieben an seinen steilen Hängen gestoppt werden und sich abregnen. Deshalb ist das Gebiet, auf dem derart viel Niederschlag fällt, sehr begrenzt, der Rest der Insel Kauai ist wesentlich sonniger. An den Orten entlang der Küste ist man dem Wai'ale'ale entsprechend dankbar: Er konzentriert den Regen auf einen Fleck, sodass die übrige Insel ein sonniges Klima genießt und dennoch immer genügend Wasser hat.

Die größte Stadt:
Chongqing

In China gibt es mittlerweile mehr als 50 Millionenstädte – da verwundert es nicht, dass dort auch die flächenmäßig größte Stadt der Welt liegt: Chongqing, Heimat von 28 Millionen Menschen, ist mit mehr als 82 000 Quadratkilometern fast so groß wie das Land Österreich. Zwar gleichen weite Teile des Stadtgebiets eher Dörfern, was sie auch einmal waren, bevor sie eingemeindet wurden. Die eigentliche Kernstadt hat etwas mehr Einwohner als Berlin, der Rest verteilt sich auf einem sehr großen Areal. Deshalb unterscheidet sich Chongqing auch von anderen chinesischen Metropolen, in denen sehr viele Menschen auf engem Raum leben: Selbst in der Kernstadt ist die Einwohnerdichte niedriger als in Berlin; in Tokio drängen sich noch mehr Menschen auf etwa einem Sechstel der Fläche.

Die einwohnerreichste Stadt:

Tokio

Streng genommen gibt es die Stadt Tokio gar nicht, die wurde im Jahr 1943 aufgelöst. Das, was wir als Tokio kennen, ist tatsächlich eine Metropolregion aus einer Vielzahl von Städten, Gemeinden und Bezirken, die zusammen die Präfektur Tokio bilden, was am ehesten mit unseren Landkreisen zu vergleichen ist. Dennoch: Diese Präfektur sieht aus wie eine einzige Stadt, und in dieser leben heute 36,7 Millionen Einwohner. Dennoch ist es verwunderlich, dass sie existiert. Denn Tokio liegt in einer der aktivsten Erdbebenzonen der Welt. Über lange Zeiträume kommt es in der Stadt fast täglich zu leichten, aber spürbaren Beben. Das letzte schwere Beben im Jahr 1923 forderte 143 000 Menschenleben. Statistisch gesehen ist das nächste große Beben längst überfällig. Eine Studie hat für Tokio eine 40-prozentige Wahrscheinlichkeit eines schweren Bebens innerhalb der nächsten 30 Jahre errechnet. Nirgendwo sonst auf der Welt wird durch Stadtplanung, erdbebensichere Neubauten, Nachrüstung älterer Gebäude sowie Brandschutz und andere Maßnahmen vergleichbar viel unternommen, um die Einwohner vor den Folgen eines heftigen Bebens zu schützen.

Die umweltfreundlichste Hauptstadt:
Reykjavik

Die nördlichste Hauptstadt der Welt liegt an einem ganz besonderen Ort: im Inselstaat Island. Der wiederum besteht vor allem aus Vulkanen. Durch sie gibt es in Island zuhauf heiße, unterirdische Thermalquellen, die seit 1928 angezapft werden und die Versorgung des Landes mit heißem Wasser sicherstellen. Meist ist das Wasser so heiß, dass es über Leitungssysteme erst gekühlt werden muss, bevor es als heißes Wasser aus den Leitungen fließen kann. Heißes Wasser gibt es in Reykjavik damit umweltschonend, auch das Beheizen der Häuser verbraucht so keine Energie. Außerdem wird auch Strom in Island durch Dampf erzeugt, wodurch der nicht nur sehr günstig angeboten, sondern auch sehr umweltfreundlich produziert werden kann. 20 Prozent des landesweiten Strombedarfs werden so durch Thermalenergie gedeckt, die restlichen 80 Prozent durch Wasserkraft erzeugt. Kohle- oder Atomkraftwerke existieren in Island nicht.

Das größte Tier: der Blauwal

26 Meter lang und 160 Tonnen schwer ist ein durchschnittlicher Blauwal, Prachtexemplare können es auch schon einmal auf 33 Meter und 220 Tonnen bringen. Damit ist er nicht nur heute das größte und schwerste Tier der Welt, sondern auch größer und schwerer als alle Tiere, die jemals auf der Erde gelebt haben. Dabei ist er ein recht bequemes Tier: Kalte, polare Meeresregionen sucht er nur im Sommer auf, im Winter bevorzugt er wärmere Gewässer nahe den Subtropen. Er ist ein Erfolgsmodell der Natur, Feinde besitzt er in den Weltmeeren schon wegen seiner schieren Größe kaum, und er kann bis zu 90 Jahre alt werden. Das einzige Wesen, das der Blauwal fürchten muss, ist der Mensch: Zwischen 1920 und 1960 nahm der weltweite Bestand an Blauwalen durch Jagd von 220 000 auf 2000 ab. Heute, 40 Jahre nach dem Verbot der Blauwaljagd, gibt es wieder etwa 20 000 Tiere weltweit.

Das schnellste Tier an Land:

der Gepard

Weglaufen ist zwecklos, auch auf einem Fahrrad hat man keine Chance: Ein Gepard erreicht im Sprint eine Geschwindigkeit von mehr als 110 Stundenkilometern – womit er jedes andere Tier auf der Welt locker einholen könnte. Besonders lange hält er dieses hohe Tempo zwar nicht durch – nach etwa 400 Metern ist Schluss –, doch für die Jagd auf seine Beutetiere reicht dies meist völlig aus. Da er außerdem tagsüber jagt und so den meisten anderen Raubkatzen aus dem Weg geht, hat der Gepard eigentlich beste Voraussetzungen für eine sichere Existenz. Doch dem ist nicht so: Während der Gepard früher in fast allen Regionen Afrikas sowie in Vorderasien und Indien lebte, kommt er heute fast nur noch in Afrika südlich der Sahara vor – vor allem in Namibia und Botswana. In Asien wurde dagegen lange Zeit Jagd auf ihn gemacht, sodass er dort nahezu ausgelöscht ist. Nur im Iran leben noch etwa 100 Tiere, während es in Afrika immerhin noch mehr als 10 000 sind. Doch es gibt Hoffnung für den besten Sprinter der Welt: Zuchtprogramme und künstliche Befruchtung konnten den Bestand in jüngster Zeit stabilisieren.

Das schnellste Tier auf der Langstrecke:

der Gabelbock

Im Westen der USA, im östlich an die Rocky Mountains angrenzenden Flachland, lebt der beste Langstreckenläufer der Tierwelt: Der Gabelbock würde zwar keinem sprintenden Geparden entkommen – was er auch nicht muss, da die beiden Tiere auf unterschiedlichen Kontinenten leben. Während einem Geparden nach kurzer Zeit aber die Puste ausgeht, hält der Gabelbock sein Spitzentempo von etwa 70 Stundenkilometern rund fünf Kilometer weit durch, und auch über eine Distanz von zehn Kilometern schafft er noch einen Durchschnitt von 65 Sachen. Dass der Gabelbock eine Muskulatur entwickelt hat, die ihm solch hohe Geschwindigkeiten erlaubt, liegt übrigens doch wieder am Geparden: Vor 10 000 Jahren noch gab es nämlich auch auf dem amerikanischen Kontinent eine Unterart der Raubkatze – und die gehörte zu den Fressfeinden des Gabelbocks.

Das schnellste Tier in der Luft:

der Wanderfalke

Sie sind elegant, stolz und enorm anpassungsfähig: Abgesehen von der Antarktis kommen Wanderfalken auf der ganzen Welt vor, auch in Deutschland. Selbst in Städten brüten sie an hohen Gebäuden, in New York City zum Beispiel am 246 Meter hohen MetLife Building. Sie sind derart geschickte Jäger, dass sie nicht einmal in den Straßenschluchten des Big Apple Gefahr laufen, mit einem Gebäude zu kollidieren. Dabei sind ihre Jagdmanöver waghalsig: Wanderfalken jagen, indem sie hoch über ihrer Beute kreisen und dann im Sturzflug auf sie zurasen. Die höchste Geschwindigkeit, mit der ein Wanderfalke im Sturzflug jemals gemessen wurde, beträgt 389 Stundenkilometer. Der Beute bleiben da nur Sekundenbruchteile.

Der schnellste Fisch: der Fächerfisch

Wer das Pech hat, eine Sardine, Makrele oder ein anderes Beutetier des Fächerfisches zu sein, und außerdem im Pazifik, Indischen Ozean, Roten Meer oder Mittelmeer lebt, sollte schwer auf der Hut sein. Denn ein Fächerfisch ist zwar sehr groß und damit kaum zu übersehen – ausgewachsene Tiere werden bis zu drei Meter lang und 90 Kilo schwer –, aber auch enorm schnell: Bei der Jagd können sie Geschwindigkeiten von bis zu 110 Stundenkilometern erreichen. Fächerfische schießen bei voller Geschwindigkeit in Fischschwärme, bremsen dann mit einer scharfen Kurve abrupt ab und töten Beutefische mit schnellen Schlägen ihres Schwerts. Anschließend verzehren sie sie mit dem Kopf voran. Oft arbeiten mehrere Fächerfische bei der Jagd zusammen, und selbst Jagd-gemeinschaften aus Fächerfischen und Delfinen oder Haien wurden schon beobachtet. Allerdings wird auch der Fächerfisch selbst gejagt: Bei Hochsee-anglern ist er eine beliebte Trophäe und mit seiner charakteristischen blauen Rückenflosse, die oft aus dem Wasser ragt, leicht auszumachen.

Der schwerste Käfer: der Goliathkäfer

In toten Hölzern im westlichen und zentralen Afrika lebt eine Käferart, die unserem einheimischen Getier ordentlich Respekt einflößen würde: Der Goliathkäfer kann bis zu zehn Zentimeter lang und bis zu 110 Gramm schwer werden. Zum Vergleich: Der größte in Deutschland lebende Käfer, der Hirschkäfer, wird zwar bis zu sieben Zentimeter lang, wiegt aber auch dann weniger als zehn Gramm. Goliathkäfer ernähren sich vor allem vom Saft des Totholzes, in Gefangenschaft allerdings wurden sie auch schon erfolgreich mit Katzen- oder Hundefutter großgezogen. Ihr Fleisch ist, wie das fast aller Insekten, extrem eiweißreich, weshalb sie in ihrem Verbreitungs-gebiet auch als Nahrungsmittel sehr geschätzt sind. Ihr größtes Gewicht entwickeln Goliathkäfer übrigens als Larven, ausgewachsene Exemplare wiegen nur etwa halb so viel – dann aber immer noch ein Vielfaches dessen, was bei uns heimi-sche Käfer auf die Waage bringen.

FOTONACHWEIS